U0311147

DK 儿童自然探索百科

[英]杰米·安布罗斯 等著
方迟 肖梦 译

童趣出版有限公司编译 人民邮电出版社出版
北京

图书在版编目（CIP）数据

DK儿童自然探索百科 / 英国DK公司著 ; 童趣出版有限公司编译. — 北京 : 人民邮电出版社, 2019.1
ISBN 978-7-115-49456-6

Ⅰ. ①D… Ⅱ. ①英… ②童… Ⅲ. ①自然科学—少儿读物 Ⅳ. ①N49

中国版本图书馆CIP数据核字(2018)第223361号

著作权合同登记号 图字：01-2018-4825

Original Title: Woodland and Forest: Explore Nature with Fun Facts and Activities
Copyright © Dorling Kindersley Limited, 2017
A Penguin Random House Company
Original Title: Seashore: Explore Nature with Fun Facts and Activities
Copyright © Dorling Kindersley Limited, 1994, 1997, 2017
A Penguin Random House Company
Original Title: Birds: Explore Nature with Fun Facts and Activities
Copyright © Dorling Kindersley Limited, 1992, 1996, 2017
A Penguin Random House Company
Original Title: Weather: Explore Nature with Fun Facts and Activities
Copyright © Dorling Kindersley Limited, 1992, 1997, 2017
A Penguin Random House Company
Simplified Chinese translation rights © 2018 Childrenfun
All rights reserved.

中文简体字版授予童趣出版有限公司，由人民邮电出版社出版发行。仅限在中国大陆地区销售。未经出版者许可，不得以任何形式对本出版物之任何部分进行使用。

译　　者：方　迟　肖　梦
审　　校：关秀清　蔡则怡　肖　方　白勇军
责任编辑：何　况
执行编辑：马璎宸
封面设计：董　雪
排版制作：寓意动漫

编　　译：童趣出版有限公司
出　　版：人民邮电出版社
地　　址：北京市丰台区成寿寺路11号邮电出版大厦（100164）
网　　址：www.childrenfun.com.cn

读者热线：010-81054177
经销电话：010-81054120

印　　刷：佛山市南海兴发印务实业有限公司
开　　本：787×1092　1/16
印　　张：14
字　　数：188千字
版　　次：2019年1月第1版　2024年7月第17次印刷
书　　号：ISBN 978-7-115-49456-6
定　　价：88.00元

混合产品
纸张 | 支持负责任林业
FSC www.fsc.org FSC® C018179

www.dk.com

版权所有，侵权必究。如发现质量问题，请直接联系读者服务部：010-81054177。

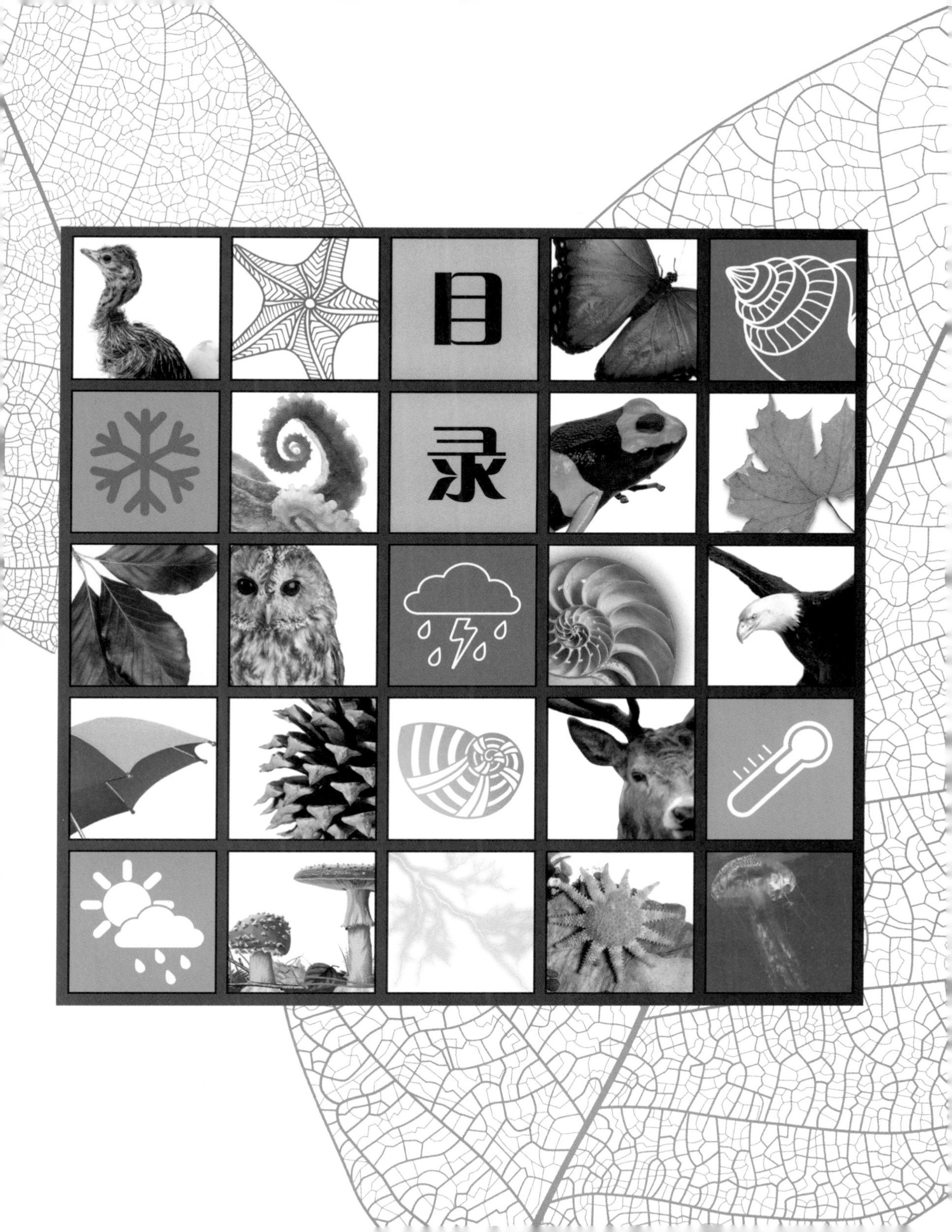
目
录

天气Weather

森林 Woodland and Forest

鸟类Birds

海滨 Seashore

天气 Weather

什么是天气？

天气就是地表附近的空气的具体状态。空气可以是静止的或流动的，也可以是冷的或热的，还可以是潮湿的或干燥的。空气中的水蒸气对天气有着重要的影响。如果没有水蒸气，就不会产生云、雨、雪、雷和雾等气象。天气在人类生活中扮演着重要的角色，影响着人类的衣食住行。

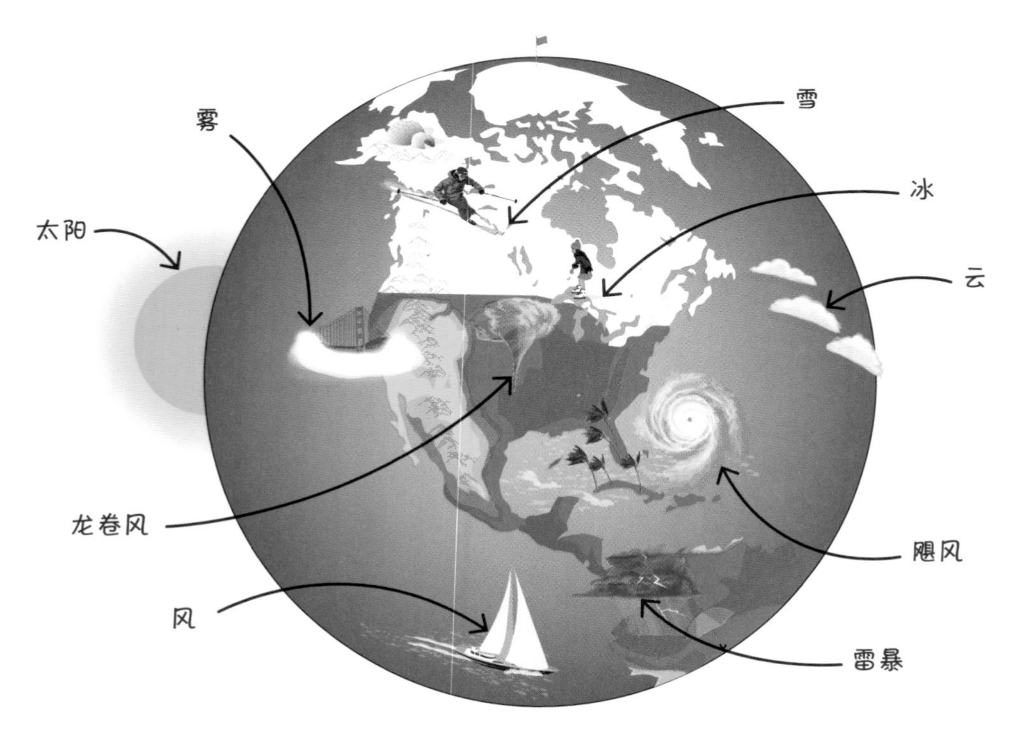

不同地区的天气

世界上不同的地区，天气的状况也不一样。例如，沙漠中很少下雨，而热带丛林往往炎热潮湿。一个地区较长时期内天气的平均状况被称为气候。例如，北极地区是寒带气候，亚马孙河流域是热带雨林气候。

大气层

地球的周围有一层气体，像毯子一样包裹着地球，大气层就是由这层气体组成的。我们见到的各种天气现象，都发生在大气层的最底层——对流层。

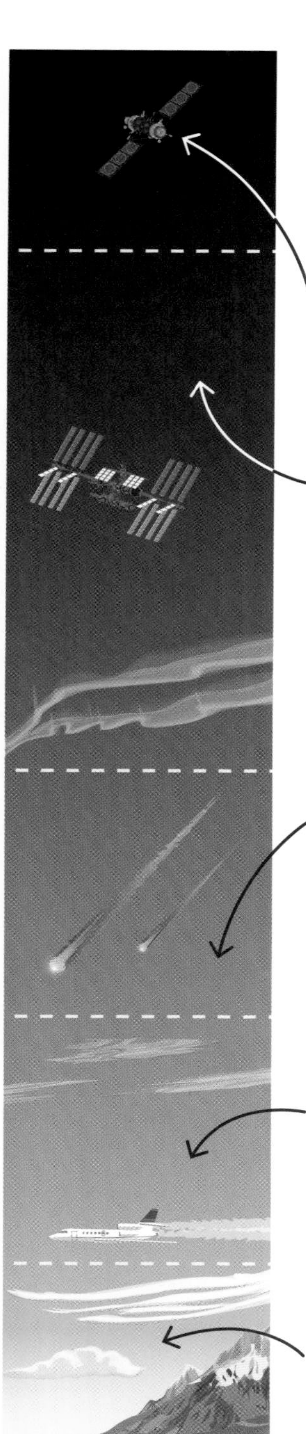

地球表面上空500～1,000千米及以上高度的大气层叫作散逸层，也叫作外逸层。卫星就在散逸层的轨道上运行。

地球表面上空85～500千米高度的大气层叫作热层。极光就出现在热层当中，国际空间站也在热层的轨道中运行。

地球表面上空50～85千米高度的大气层叫作中间层。臭氧层的一部分位于中间层。流星也在这一区域出现。

地球表面上空12～50千米高度的大气层叫作平流层。人们乘坐的民航客机通常在这一高度飞行。

人类能观测到的所有天气现象，都发生在对流层。

天气预报

天气方面的专家借助气象卫星对天气进行更加准确的预测。天气预报为工农业生产和人类生活提供了许多便利。上面这张气象卫星照片显示出海洋上方形成了飓风。

古希腊人认为，风是地球的呼吸。现代人清楚地知道，风只是流动的空气。

季节

一年中的特定时期会出现特定的天气现象。大多数地区，冬天寒冷多风，夏天则温暖湿润。不同的季节决定了不同的天气。在世界上不同的地区，季节的划分也是不同的。有些地区只有雨季和旱季两个季节，有些地区则有春、夏、秋、冬4个季节。

春

春季来临之时，太阳在天空中的最高位置渐渐变高，白天的时间也会逐渐延长。这时候的夜晚仍然春寒料峭，白天却温暖宜人。

冬

冬季是一年当中最寒冷的季节。冬季，白天的时间短，太阳高度较低，地面吸收阳光中的热量有限，所以天气很难暖和起来。

寒冷的冬季，雪花漫天飘舞。

炎热的圣诞节

地球自转轴与公转轨道平面不垂直，导致地球在绕太阳公转的过程中，南北半球受到的太阳光照不均匀。所以，当美国处于冬季的时候，南半球的澳大利亚正处于夏季。

明媚的夏季，鲜花遍地盛开。

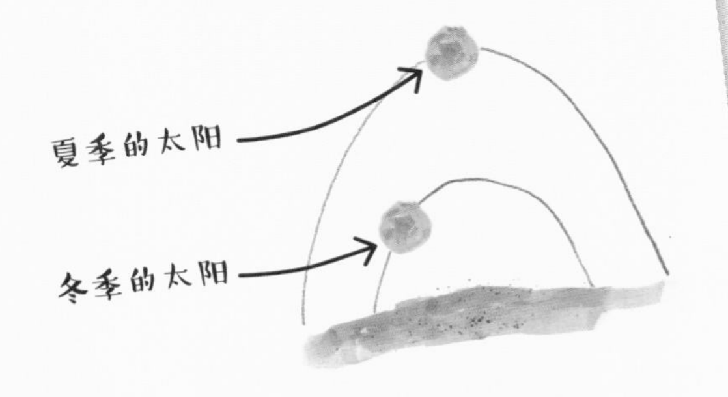

高高低低

地球上会有四季变化，是因为某个地方受到的太阳光照会发生周期性的变化。夏季，太阳的位置比冬季要高很多，日照时间也更长。

夏

正午是一天当中太阳位置最高的时候。夏季，不但白昼时间长，而且温度也较高。雷暴的出现可能会让炎热的天气暂时退场。

秋

秋季，夜晚的时间渐渐变长，天气也一点点地凉爽下来。清晨时分往往伴有薄雾，有时植物表面还会出现霜。

秋季通常薄雾弥漫。

冬日正好眠

很多动物都像睡鼠一样，以睡觉的方式度过冬天，这种现象叫作冬眠。动物们因此能减少能量的消耗，确保自己在食物短缺的冬天生存下来。

三类云

云的形状各异，大小也不尽相同，但是所有的云都是由无数飘浮在空中的小水滴或小冰晶构成的。云可以按照在天空中的高度划分为低云族、中云族和高云族，也可以按照形状分成纤细飘逸的卷云、洁白蓬松的积云和像大毯子一样的层云。

卷云

只有在天空中很高的区域，才能形成像羽毛一样的卷云。这片区域温度很低，所以构成卷云的不是小水滴，而是微小的冰晶。卷云分为毛卷云、密卷云、伪卷云和钩卷云4类。

高空中出现卷云，往往预示着坏天气即将到来。

马尾云

卷云通常也叫马尾云，因为高空中的强风会把云吹得纤细而分散，就像马的尾巴一样。

云朵蓬松的形状表明，温暖潮湿的空气团在上升的过程中团成一团。

蓬松的云是如何形成的?

阳光让潮湿的空气团受热而快速上升，形成积云。随着气团越升越高，它们会膨胀并冷却，其中的水蒸气就会变成小水滴，形成一团雾蒙蒙的东西。

积云

天气晴朗的时候，我们有可能在湛蓝的天空中看到朵朵蓬松的积云。它们看上去像一堆棉花或羊毛，形状也会不断变化。积云通常位于地面以上高约500米的区域。

温暖潮湿的气团在温度较低的空气中缓缓上升，就会形成层云。

层云

虽然这种云的名字中有“层”的意思，但是你很难从层云里分出层来。你只会看到一大片黑压压的低空云，向周围伸展开来，绵延至数百千米远的地方。层云一般会在风比较小的情况下形成。

辨认云朵

云的形状、大小千差万别，有的大而蓬松，有的小而纤细。它们千变万化的形态，取决于是由小水滴构成的，还是由小冰晶构成的。气象学家根据云朵在天空的高度，是分层的（层云），还是鼓起来的（积云）等特点来辨别不同的云。根据形态特征，可以将云分成10种。

卷层云

卷层云是在天空中很高的区域形成的云，它们属于高云族，名字通常由“卷”字开头。卷层云完全是由小冰晶构成的。

高层云

在中等高度区域形成的云，属于中云族，它们的名字却用“高”字开头。高层云是由小水滴构成的层状云。

雨层云

雨层云非常厚，云底一般在距离地面1,200米以内的高度，而云顶则可以非常高，一般距离地面6,000~7,000米，有时可以高达10,000米。雨层云会带来长时间的降雨或降雪。

层云

一般情况下，层云也非常厚，厚度通常在400~500米。云底距离地面非常近，有时候透过层云，可以看到像银盘一样的太阳。

卷积云

这些由冰晶构成的球状的云就是卷积云，人们把布满卷积云的天空叫作鱼鳞天，因为这些云看上去就像鱼的鳞片一样。

卷云

卷云是所有云当中位置最高的一种，它们完全由小冰晶构成。卷云就像带子一样横在天空之中，它们的出现表明了空中有强风。卷云标志着不稳定天气的出现。

积雨云

这些高耸的云会带来雷暴甚至龙卷风。大型积雨云的厚度甚至会超过珠穆朗玛峰的高度。

高积云

这种云是高度居中的中云族积云。它们看上去像许多块被压扁的棉花球。少量的高积云，一般预示天气晴朗。

积云

蓬松的积云很容易辨认。这些低云有时候在白天开始形成，然后逐渐变大，最后带来一场阵雨。

层积云

层积云是像滚轴一样的低云族的云，如果你看到这种云，通常意味着今天不会有晴朗的好天气。积云交叠着铺开就形成了层积云。

潮湿的空气

你可能没有意识到身边有水蒸气的存在，但你确确实实就生活在水蒸气中。空气就像一块海绵，里面含有看不见的水蒸气。任何地方的空气中都有水蒸气，水蒸气的含量决定了空气的湿度，而这还取决于当地的炎热程度和干旱程度。例如，内陆地区的空气湿度比较小，而沿海地区的空气湿度比较大。

呼吸也潮湿

其实你呼气的时候，就在向空气中加入水蒸气。当空气遇冷时，水蒸气会变成无数微小的水滴，你呼出的气也就变成了哈气。北方入冬后，你在室外会看到人们的嘴边经常有白色的雾气。

露水之谜

如果温度下降，那么空气中能够容纳的水蒸气的数量也会随之下降。凉爽的夜晚过后，树叶和草叶的表面通常会留下水滴，也就是露珠，这是空气无法容纳的水蒸气，在物体表面冷凝而形成的。

露珠

水循环

地球上不同地方的水，通过吸收、释放能量，不断地改变形态，经历永不停歇的循环，人们把这个过程称为水循环。雨、雪、云、雾、霜、露等都是水的不同形态。

部分雨水会渗透到地下，然后汇入河流。

1.潮湿的空气

阳光照在海洋和湖泊上，水吸收了阳光的热量，变成水蒸气，进入空气中。这个过程就叫作蒸发。

2.雨水落下

有些云朵的体积越来越大，里面的小水滴会相互碰撞，聚成大水滴。当水滴的体积大到一定程度时，它们就会以雨的形式掉落到地面。这个过程叫作降水。

3.流走

有一些雨会直接落到海里，还有一些雨会落在陆地上，进入河流、溪水，最终流回海洋，然后开始新一轮的循环。

雨和毛毛雨

如果没有云，也就没有雨。气流运动让上升的热空气逐渐冷却，其中的水蒸气变成了小水滴，形成了云。构成云的小水滴合并成大水滴，然后变为雨滴降落下来，形成了雨。如果降落的是细小而又稠密的雨滴，我们常常会说：“下毛毛雨了。”

降雨之最

世界上最潮湿的地方是印度的毛辛拉姆村，这里每年的降水量高达11,872毫米。而以多雨雾著称的伦敦，年平均降水量只有600毫米左右。

毛辛拉姆村

天降冰块

有时候，降水会以冰块的形式落到地上，这些降落的冰块就是冰雹。当雨滴被气流卷到云层的上部时，就会冷却结冰，形成小冰雹。随着它们在云中不断地被气流带着上下运动，就会渐渐变成大冰雹。

仔细观察冰雹，你会发现这些冰块就像洋葱似的，一层一层地紧拥在一起。

积雨云的底部充满了水分。

大雨将至

上图中展现的是美国大峡谷上空的暴风雨。在温带地区，这种短时强降雨的天气非常普遍，因为较高的温度会让空气快速上升，从而形成巨大的积雨云。在强烈的上升气流中，水滴不断增加，直到气流托不住时，就会急剧地降落到地面。

天气指示器

生活在乡村的人会根据经验告诉你，如果牛群中所有的牛都卧倒在地，那就说明马上要下雨了。但遗憾的是，牛有时也会失误。

雨滴

每一朵云都是由无数小水滴和小冰晶构成的，这些水滴和冰晶的体积非常小，可以被空气托在天空中。一些较大的云朵底部分布着水滴，而顶部则是冰晶。有些小水滴通过与其他小水滴发生碰撞，合并在一起，成为大水滴，还有一些小水滴通过水蒸气的冷凝让自身的体积变大。当空气托不住大水滴时，大水滴就会从云中落下，这就是雨。

小雨滴变大了

在高空中的云里，水蒸气会在冰晶上直接凝结成冰，这样冰晶就会逐渐变大。当冰晶大到空气托不住的时候，它们就会从云中掉下来，而冰晶在下落的过程中，会穿过比较温暖的空气层，这时冰晶就会融化成雨滴。

小雨滴在下落过程中相互碰撞，聚在一起，变成更大的雨滴。

一滴又一滴

雨滴在下落的过程中，会聚集下面的雨滴，使体积不断地增加。最大的雨滴直径大约5毫米，但是毛毛雨的雨滴直径还不到0.5毫米。

大雨滴落在水面上，会溅起小水花，而细小的毛毛雨则不会。

制作雨量计

如果你想记录究竟下了多少雨，为什么不动手做一个雨量计呢？你只需要一个大号塑料饮料瓶、一把剪刀、一卷胶带、一个量杯、一个稍重的花盆、一个笔记本和一支铅笔就可以了。

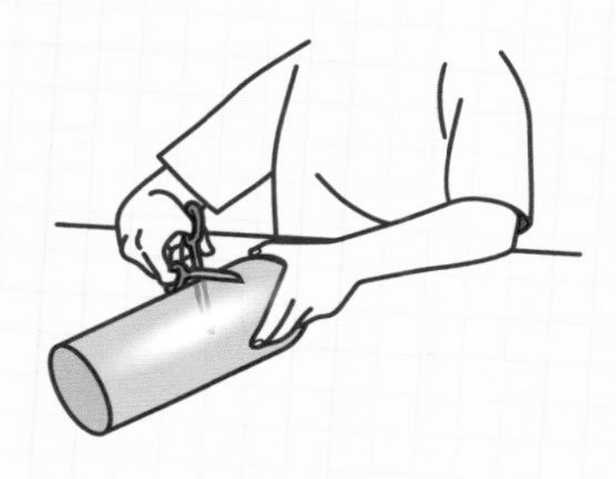

1.在父母的指导下，用剪刀从饮料瓶颈部的位置，将它剪成两部分，如果自己剪不动，可以请父母帮忙。

2.用量杯盛出100毫升水，倒进塑料瓶里。用胶带在瓶身上标记刻度，然后用同样的方法继续加水，每添加100毫升水就做个标记，直到将塑料瓶盛满水为止。

3.把塑料瓶里的水倒出来，将上半部分的瓶子朝下放在下半部分的瓶子里，用胶带固定好。

4.把做好的雨量计放进重一点儿的花盆里（防止雨量计被风吹倒）。你可以根据自己的喜好，每天或每周去观察一下雨量计，借助刻度标记来判断里面收集了多少雨水。

每次测量完雨量计中的水位之后，记得把数字记录下来，并用图表的形式表示降雨量的变化。

雾和薄雾

天气晴朗的时候，只要你站得足够高，就能看清几千米之外的景色。但有些时候，空气中的雾十分厚重，你连马路对面是什么样子都看不清楚。雾、薄雾看上去和烟很像，但它们却是悬浮在空气中的小水滴，而烟则是悬浮在空气中的固体小颗粒。事实上，雾和薄雾就是降落到地面附近的云。

晨间的薄雾

薄雾和雾的形成原因完全一样，只是浓度不同而已，薄雾要比雾轻薄一些。薄雾的底端一般紧贴着地面，因为它们并不厚，所以有时你能够看到薄雾层的顶端。漫长的秋夜过去之后，清晨时分往往薄雾弥漫，山谷中这种现象会更加明显，因为夜晚时冷空气会聚集到山谷中。

薄雾在地面附近最浓，因为地面会使空气的温度降低，雾中小水滴的密度也就更大。

金色薄雾

旧金山的金门大桥周围经常雾气缭绕，这是因为加利福尼亚州温暖的空气遇到冰冷的洋流时冷却下来，其中的水蒸气由于温度降低凝结成小水滴，形成薄雾。

夜晚的雾

在没有云的夜晚，地面的温度会降低，地表附近的空气温度也随之降低。空气中的水蒸气就会凝结成小水滴，悬浮于空中，使地面的能见度下降。而当空气湿度很大的时候，就会形成浓雾。

雾会让能见度（能够看清楚目标轮廓的最远距离）降低到不足1,000米，浓雾时的能见度甚至不到100米。

雾霾

灰尘和烟气会让雾变得更浓。英国伦敦于20世纪50年代颁布了一项法案，禁止居民用燃煤的方式采暖，而在此之前，你能在这座城市中看到世界上最严重的雾霾。那时候，伦敦的雾霾不仅浓重，而且还是黄绿色的，有人把这叫作“青豆汤雾”。

霜与冰

冬季，白天的时间很短，太阳在天空中的最高位置也比较低，所以人们很少能感受到阳光带来的温暖。在月明如镜的冬夜，甚至连可以为地面保温的云层都没有，这使得地面温度急剧下降。有些地区，冬天的温度非常低，空气中的水蒸气会直接在物体表面上结冰，给大地铺上一层亮晶晶的霜。

严寒也美丽

如果你生活在温度非常低的地方，可能会在自家的窗户上，看到像蕨类植物的叶片一样美丽的冰窗花，这些漂亮的图案是由微小的水滴结冰形成的。随着越来越多的水蒸气在这些冰晶上凝结，冰晶就会慢慢地结成羽状的霜。

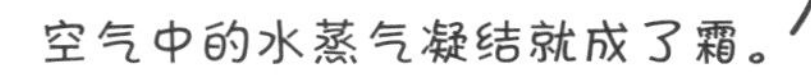

空气中的水蒸气凝结就成了霜。

夜满霜

寒冷的夜晚，植物表面的温度会变得很低，空气中的水蒸气会迅速在上面凝华成冰晶，而不是形成液态的水珠，这就叫作霜。在农作物生长的时节，晶莹美丽的霜对它们来说，却是灭顶之灾。

雾凇俗称树挂，只会在树枝的一侧长出来。

雾凇

如果冰冷的空气中出现了雾，那么雾气中微小的水滴在接触任何物体表面后，就会迅速结冰。冰越结越多，逐渐长成厚厚的一层，这就叫作雾凇。雾凇经常会被凛冽的大风吹成奇怪的形状。

冬日乐趣

天气非常寒冷的时候，池塘、湖泊、河流的表面都会结上一层冰。冰的密度小于液态水，所以冰可以漂浮在水面上。如果冰能沉入水底，不但湖泊会被冻住，甚至海洋都会被冻成固态的冰。

水被冻成固体状态，就变成冰。

在冰上行走或溜冰之前，一定要检查冰面是否足够坚固。

下雪啦

如果高空中空气的温度降到零摄氏度以下，那么云就完全是由小冰晶构成的。小冰晶会变成大雪花，从上空飘落下来。如果地面附近的温度高，雪花就会融化。如果地面附近的温度依然在零摄氏度以下，我们就会看到雪。因为雪只会在很冷的天气出现，所以亚热带地区和热带地区下雪的概率非常小。

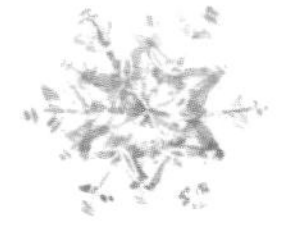

白色的毯子

一旦雪铺满大地，就不会马上融化，因为白色的雪会将能带来热量的阳光反射回去。如果积雪融化后又重新结冰，疏松的“白毯”还会存在更长的时间。雪具有良好的保温效果，可以保护植物在寒冬中不被冻伤。

气温在冰点附近，也就是零摄氏度左右时，下雪量最多。

冬季运动

降雪会带来很多乐趣。在白雪皑皑的斜坡上滑雪、玩平底雪橇，都是非常受欢迎的冬季运动。很多降雪不足的地方还会专门制造积雪，让游客享受冰雪之乐。

雪之谜

如果把雪花放到有颜色的桌面上，用放大镜仔细观察它们，就会发现所有雪花都是六角形的。不过，正如世界上没有两个长得一模一样的人一样，世界上也没有两片完全相同的雪花。雪花在形成的过程中，不同的冰晶所处的温度和湿度条件不同，而且冰晶各部分的生长速度也不一样，因而雪花的形状也多种多样。

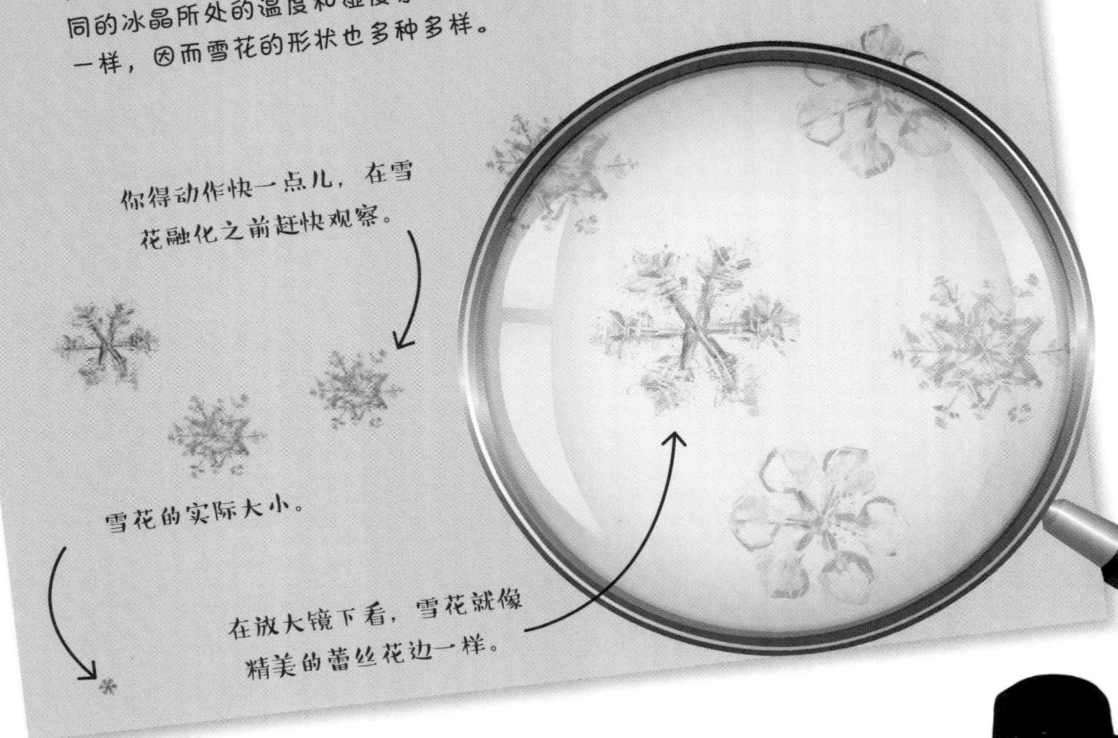

你得动作快一点儿，在雪花融化之前赶快观察。

雪花的实际大小。

在放大镜下看，雪花就像精美的蕾丝花边一样。

形形色色的雪

当温度在冰点以下时，雪是粉末状的“干”雪，根本无法做成雪球。当温度在冰点附近，“干”雪变成“湿”雪的时候，就很容易被捏成结实的雪球，而且还可以被捏成各种各样的形状。

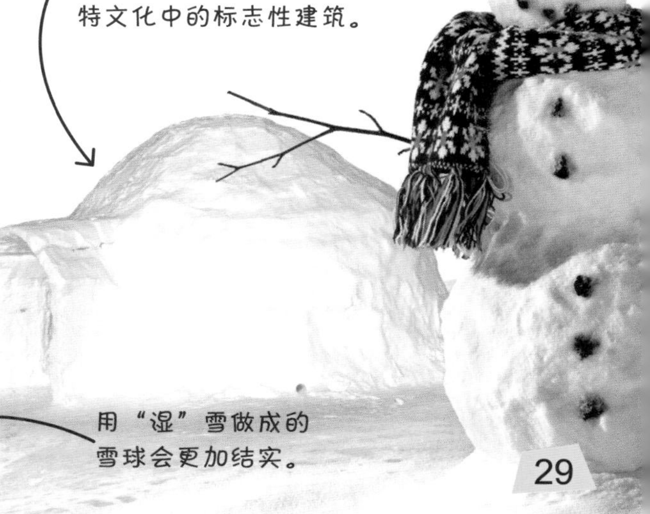

冰屋是用坚实的雪块堆建成的圆顶形的房子，它是因纽特文化中的标志性建筑。

用“湿”雪做成的雪球会更加结实。

从微风到强风

风就是流动的空气，有时候空气的流动速度非常缓慢，风也就很弱，甚至连羽毛都吹不起来。还有的时候，空气流动得非常快，产生的风可以把树和墙都吹倒，所以大风可能会很危险。蒲福风级根据风力的强弱，将风力分成从0级到12级不同的强度等级。0级代表无风，12级则表示飓风。

2级：轻风

轻风的风速一般为6~11千米/时。这时，你能感觉到微风拂过脸庞，能听到树叶沙沙作响的声音，能看到缕缕轻烟在随风飘荡。

5级：清风

清风的风速为29~38千米/时。有清风的时候，你经常可以看到云在天空中飘动，也能看到小树在摇摆着身姿，湖面上泛起荡漾的碧波。

7级：疾风

疾风的风速为50~61千米/时。当刮起疾风的时候，天空可能会阴沉下来。这时的风感非常强烈，大树会被吹得摇摆不定，人们迎风行走也会变得非常困难。

9级：烈风

风的强度达到烈风时，风速则会达到75~88千米/时。此时，天空中乌云密布，风会把烟囱和大树的枝干吹断，屋顶的瓦片也会被吹翻落地。

风力发电

曾经，人们用风车把玉米和小麦磨成粉状。现在，人们用风车来发电。风电是一种清洁能源。右图中这样的一片风车（风力发电机），可以发出足够供一座城镇照明的电量。

气压

虽然你感觉不到，但是空气时时刻刻都在挤压着你，这种挤压力叫作气压。一个地方的气压并不是一成不变的，而是有时候高，有时候低。气压的变化会带来天气的变化，不同区域之间的气压差异就会带来风。

上下起伏

我们可以用一种叫作气压计的工具来测量气压。当气压低的时候，天气通常是潮湿而多云的；当气压高的时候，天气通常是晴朗而干燥的。

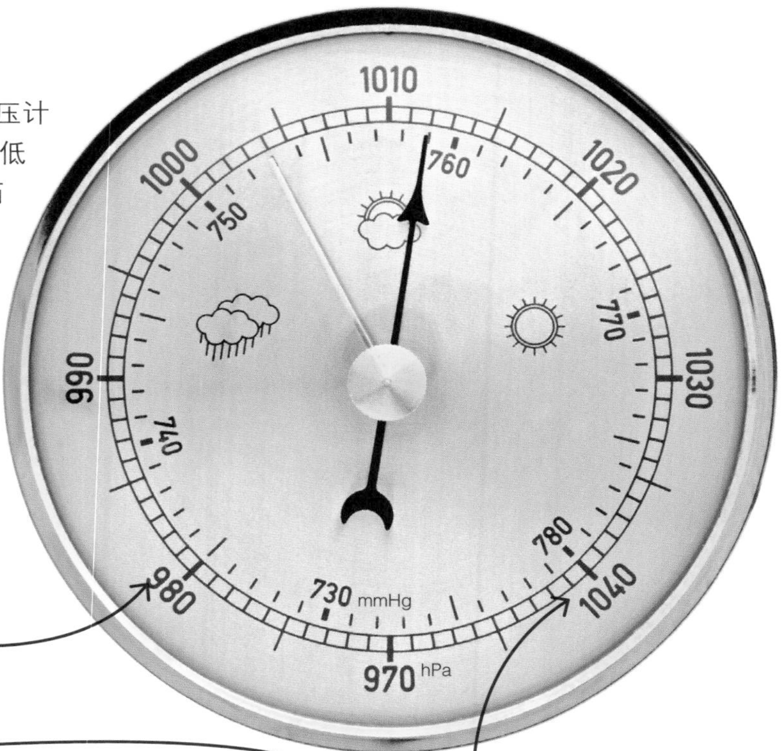

当气压下降的时候，风雨天就离你不远了。

一般气压比较高时，天气通常能保持晴好。

气压计上测量压力所使用的单位是百帕，1百帕和1毫巴的压力相等。毫巴是以前气象学中经常使用的气压单位，现在逐步统一用百帕来表示。

自制气压计

自己动手做一个气压计，可以帮助你预测天气。请注意，你必须得在下雨天时按照下面的方法来制作，否则气压计将无法使用。你需要一个广口瓶或上下一样粗的玻璃杯、一个长颈瓶、一些被食用色素染色的水和一支记号笔。

1.把长颈瓶倒置放在广口瓶里，让长颈瓶能够卡在广口瓶的边缘。注意，长颈瓶的瓶口不能接触广口瓶的瓶底。

2.将长颈瓶取出来，往广口瓶中加入被染色的水，然后将长颈瓶放下，让水面没过长颈瓶的瓶口。在广口瓶的外壁上，用记号笔标记下长颈瓶中水面的位置。

3.把这个简易的气压计放在温度相对恒定的地方，接下来几周，注意观察水面的变化。

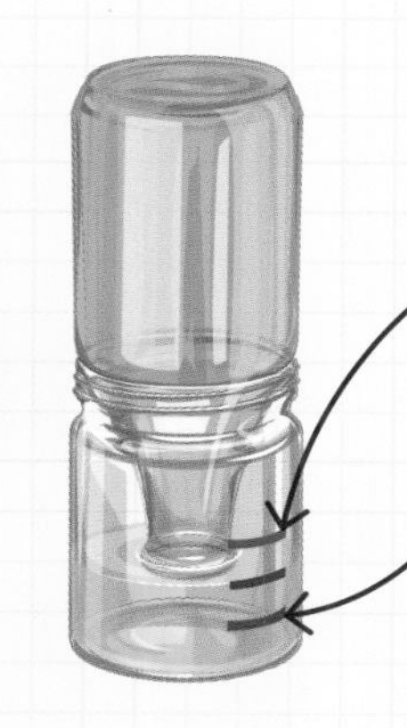

长颈瓶中的水面较高时，表明气压高，天气一般是晴朗暖和的。

长颈瓶中的水面较低时，表明气压低，可能会出现风雨天气。

偏转的风

由于地球在不停地自转，因此地球上的风从高气压地区吹向低气压地区的时候，会发生偏转。背风而立，如果你生活在北半球，身体右侧气压高，左侧气压低；如果你生活在南半球，那么身体左侧气压高，右侧气压低。这是气象学家用风向来判断气压高低的一种简单方法。

超强大风

夏季，热带地区天气炎热、阳光充足。到了秋季，天空就会阴沉下来，风暴从海上吹来，带来猛烈的大风和倾盆大雨。不同地区对风暴的称呼也有所不同，大西洋和北太平洋地区的叫作飓风，西北太平洋及沿岸地区的叫作台风，而二者可以统称为热带气旋。

热带风暴

热带地区天气炎热，大量的海水蒸发到空气中，在海面上形成盘旋上升的湿气团，这就是飓风的雏形。随着气压的变化和地球的运动，湿气团会在海面上空旋转，就像一个由云、风和雨组成的转动的轮子。

卫星拍摄到的飓风照片。

吹走一切

咆哮的飓风极具破坏力，会带来严重的灾害。在沿海地区，大风掀起的巨浪会淹没海岸，破坏陆地上的设施和农作物，甚至会将一些建筑物吹倒。

飓风剖面图

飓风里面是什么样子的呢？飓风底部有较强的大风，但是中心却十分平静。飓风中心有一个风眼，空气围绕着飓风中心旋转，形成高大的雨云。风眼越小，飓风的破坏力越大。

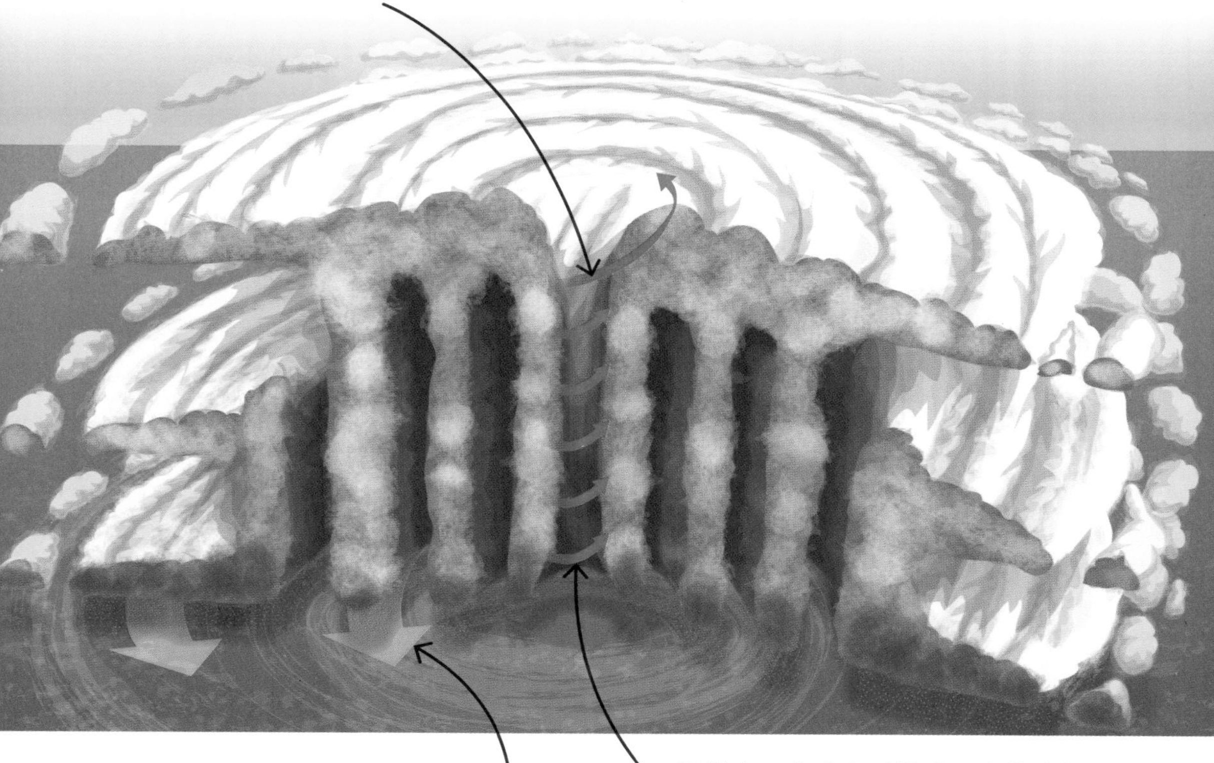

每个飓风都有属于自己的名字。以前，人们只用女孩的名字给飓风命名，如简、戴安娜。现在，人们也会使用男孩的名字给飓风命名。

龙卷风

龙卷风是风力极大的漏斗状涡旋，常发生在夏季的雷雨天气里，下午到傍晚时分最为多见。龙卷风是从炎热潮湿的天气中形成的雷暴云上伸下来的。龙卷风的生命通常只有15分钟，但不要因为它们生命短暂，就小看它们。如果龙卷风的底部接触到了地面，所到之处就会变成一片废墟。

龙卷风有点儿像水顺着排水孔流走时形成的漏斗。

龙卷风预警

如果你看到积雨云下方出现了小而圆的“疙瘩”，这说明龙卷风很可能马上就会出现。这些鼓出来的云叫作乳房状云，是下降气流中较冷的空气与上升气流中较暖的空气相遇形成的。

白色圆柱

龙卷风内部的空气被吸上天，并开始高速旋转。形成之初的龙卷风通常是白色的，因为这时候它还没有接触地面，没来得及把尘土和碎屑卷进来。

水龙卷

在平静的海面上形成的龙卷风叫作水龙卷，也叫龙吸水。它是一种生命极其短暂的剧烈天气现象，薄雾、水雾和水都会被吸进这个旋转的漏斗之中。

美国是世界上龙卷风最为常见的国家。

正中目标

龙卷风经过时的声响震耳欲聋。当龙卷风的底部接触地面时，会把尘土和碎屑都卷到天上，甚至能把很沉的物体掀起来，经过一段时间后，它们就会被甩出来，坠落回地上。如果遇到龙卷风，应该尽量往低处走，尤其不能待在楼顶上面。

龙卷风经过时的风速能够达到400千米/时，这是地球上速度最快的风。

炎热的天气

在正午太阳非常高的地区，白昼时间长，阳光带来很多的热量，因此这里的天气很炎热。炎热的天气通常出现在高气压地区，因为高气压能够带来晴朗的天空和徐徐清风。高气压持续相当长的一段时间后，就会出现连续数日的炎热天气。

海市蜃楼

有时候，在非常炎热的白天，你可能会看到海市蜃楼——路的前方出现了楼或水。但是，当你逐渐向它靠近时，这个场景就消失了。其实，你看到的只是地面上方的热空气层经光线折射形成的虚像。

温度计

人们利用温度计中液体热胀冷缩的原理来测量温度。玻璃管中被密封起来的液体，是经过染色的酒精，当温度上升时，酒精体积膨胀，温度计的示数变大；当温度下降时，酒精体积收缩，温度计的示数变小。

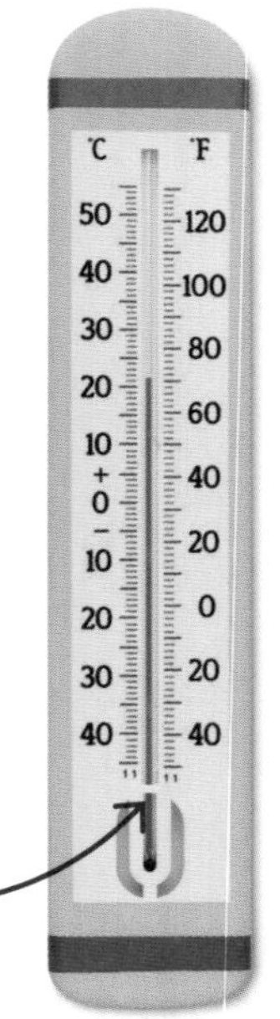

玻璃管中装着被染成蓝色的酒精。

太阳能

太阳会向外辐射能量，所以我们能感受到太阳送来的温暖。太阳能电池板可以将这些光能收集起来，并转化成电能，这种发电方式叫作太阳能发电。

炎热干燥的白天

天气炎热的时候，如果空气干燥、没有风，天空中就不会形成云。而炎热潮湿的天气容易让人产生烦闷的情绪，因为空气中的水蒸气会使皮肤变得非常黏腻，让人感觉很不舒服。

干旱的天气

世界上有些地区的水资源非常充沛，很少有缺水的情况出现。但是，也有一些地区的水资源十分匮乏，不能满足人们日常生活的需要，人们永远无法确定未来的一场雨会在什么时候降临。如果连续数月甚至数年无雨或少雨，地表失水量超过水的补给量，就会发生许多因干旱而产生的灾害。地球上有些地方，比如沙漠地区，几乎不会下雨。

干旱

如果干旱持续的时间很长，动物会被渴死，农作物也会被烈日晒死，人也就会失去食物，发生饥荒，甚至有人会因此而失去生命。

因干旱而龟裂的土地。

沙漠景观

你通常能够在山脉的旁边找到内陆沙漠。山脉就是一个天然屏障，阻挡那些能够带来雨水的云。图中展示的是美国亚利桑那州的半沙漠地区，这里降水量很少，但这一点儿降水，足以让那些能够储存水分的植物维持生命，如仙人掌。

在真正的沙漠中，植物和动物只能生活在绿洲附近，因为这里有地表水。

死亡谷

美国的死亡谷是世界上最干旱炎热的地方之一，它位于加利福尼亚州东部与内华达州交界的地方。曾经就有人因为这里极度高温和干旱，而被活活渴死。

并非所有沙漠的气温都高。南极洲的中部也是地球上最干旱的地方之一，但这里却非常寒冷。

灰碗

干旱会影响很多人的生活。20世纪30年代，北美大平原经历了一场灾难性的干旱，最终形成一片被称为灰碗的尘暴重灾区。这片区域涉及美国科罗拉多州、新墨西哥州、内布拉斯加州、堪萨斯州、俄克拉何马州及得克萨斯州共6个州的部分地区。猛烈的沙尘暴埋没了许多农作物和房屋，很多人被迫离开了自己的家园。

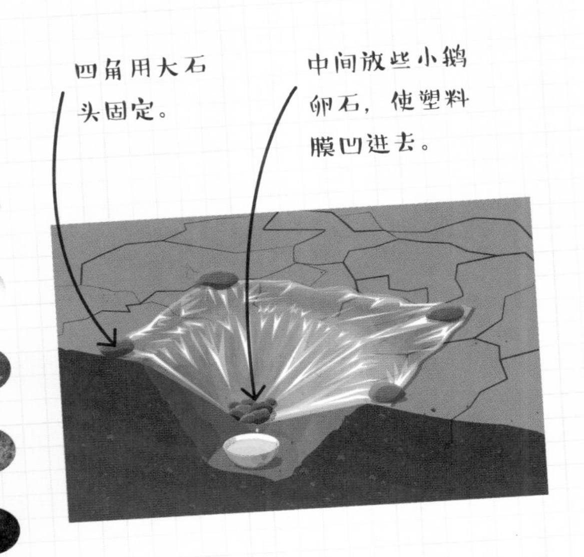

自制花园集水器

首先，你需要在地上挖一个洞，在洞的中央放一个碗。然后，用塑料膜把洞口盖住，并按照左图的方法，用石头固定住塑料膜。第二天，你就会发现碗里多了一些水。发生这种现象，是因为土壤中的水会被蒸发出来，在塑料膜的表面凝结，然后顺着塑料膜流进碗里。

季风

季风就是风向随着季节的变化而发生规律性改变的风。由于大陆和海洋在一年之中的冷热程度不同，它们之间的风向会发生大范围的改变。通常情况下，季风会朝着一个方向刮6个月，然后换另外一个方向再刮6个月。夏季，湿润的季风从海上吹来，为陆地带来富含水分的云。冬季则完全相反，风从陆地吹向海洋，带来凉爽干燥的空气。

哪里有季风?

亚洲的季风举世闻名，季风在夏季由海洋吹向大陆，在冬季由大陆吹向海洋。夏季风温暖湿润，而冬季风寒冷干燥。除了亚洲外，其他地区也会出现季风，如非洲、南美洲、美国和澳大利亚。我国古代人把季风称为信风、黄雀风或落梅风。

季风来临之前

夏初时节，毒辣的阳光让热带地区的陆地变得非常炎热干旱，而海洋则相对凉爽湿润。由于陆地上的热空气上升，海洋上凉爽湿润的空气就会流向陆地作为补充。当海洋上的空气吹向陆地时，就会带来强降雨。

生活还要继续

季风带来的降雨，通常雨量都非常大，强降雨会把农作物冲走，将街道淹没，同时还可能发生强雷暴。但是不管季风会带来什么样的灾难，我们都会想尽办法来克服困难，生活总是要继续。

季风来临

季风对于农作物的生长至关重要。季风会带来多雨的天气，这对水稻种植者来说再好不过了，即使有的土地被洪水淹没过，但他们仍然可以在此插秧种田。

雨季过后

在这6个月的时间里，陆地上的雨水不断，水稻可以茁壮成长。最后，季风和雨水双双减弱离场。冷空气返回海洋，陆地又变得干燥起来。

暖锋

如果天气预报员说即将有锋过境，那就意味着接下来的日子将会风雨交加。湿润的暖气团推挤干燥的冷气团并向上滑行，形成暖锋，暖锋会带来云和雨。当暖锋经过时，风会变强，还常常会出现连续性降雨天气。暖气团爬升的过程中，锋面上会产生云。暖锋过境后气压会降低，气温会升高。

丝状的信号

暖锋过境前，天气较为晴朗。当你在天空中看到羽毛状卷云的云丝时，就基本可以确定暖锋要来了。

云朵堆积

一段时间之后，天空就会变得朦胧，云层也变得更厚。蓬松的高积云随之而来，看上去像一团一团的棉花。风也会越吹越大，海面因此而变得波涛汹涌。

潮湿多风

很快，天空就阴沉下来，布满厚实的雨层云，紧接着就开始刮风、下雨，一般降雨会持续几个小时的时间。如果天气足够冷，甚至还会下雪。

红色

在气象图中，暖锋一般会用红色表示，线上带有红色的半圆，半圆所对的方向代表暖锋前进的方向。

冷锋

既然有暖锋，也就一定有与之对应的冷锋，冷锋和暖锋通常成对出现。一种锋过境后，很快下一种锋就会来临。我们前面讨论的是暖锋，它会带来温暖的空气。而接下来要讨论的冷锋，它会带来寒冷的空气，甚至有时候会带来风暴天气。冷锋过境后，温度下降，气压升高，天气也会变得晴朗明丽。

层积云偶尔会带来小雨。

蓝色

在气象图中，冷锋通常会用蓝色表示，线上带有蓝色三角形的箭头。箭头所对的方向代表冷锋移动的方向。

短暂停歇

随着暖锋的离开，雨便会停止，天气也会回暖。而沿海地区仍然保持着多云的天气，有可能还会下起毛毛雨。

夏季，暖锋离开后太阳就会出来，天气会变得炎热。

头顶的风暴

当风渐渐增强，狂风吹打着窗户发出巨大的声响，这意味着冷锋马上要来了。天空中布满黑漆漆的乌云，大雨会从天空中倾泻而下，甚至有时候还会夹杂着冰雹。

冷锋过境几分钟内，降雨量有可能超过暖锋过境时几个小时的降雨量。

回归平静

风暴最可怕的阶段很快就会结束。云层消散后，天气变得凉爽，天空也变得更加湛蓝，上面飘着蓬松的积云。然而，强阵雨可能还会出现。

海面变得更加平静。

电闪雷鸣

炎热潮湿的夏季，酷暑往往会因一场剧烈的雷暴而终结。从阴沉、厚实的积雨云中射出的闪电，就像一支离弦的箭从天空中划过，轰隆隆的雷声震颤着大地。一道闪电的长度通常只有数百米，最长的可达数千米，一道闪电的电量足够一座小城镇照明一年之久。

闪电与雷声

云中猛烈的气流会推动雪花、冰雹和雨滴上下移动。这些水滴或冰晶上带有不同的电荷，带正电的积累在云顶，带负电的积累在云底，电荷积累到足够多的时候，就会以闪电的形式释放出来。

闪电从积雨云的底端伸出，划过天空直达地面。

闪电和打雷是同时发生的，你先看到闪电，后听到雷声，是因为光的传播速度比声音的传播速度要快得多。我们所听到的雷声，是空气被闪电迅速加热爆炸的声音。

雷击

闪电传向地面的时候会选择最近的路，所以耸立的树木和高大的建筑最有可能遭到雷击。遇到雷雨天气时，尽量不要待在大树下。事实上，世界上最高的建筑每年都会被雷击几百次。

每一道闪电上都有许多小闪电。

通过数闪电和雷声之间相隔多少秒，你就能够计算出闪电离你的大概距离。如果相差3秒，就意味着闪电离你有1,000米远。

神圣的雷声

有些美洲原住民认为，雷是神圣的雷鸟扇动巨大的翅膀所发出的声音，而闪电是从雷鸟的喙部发出的。

天空中的色彩

天空并不总是蓝色的，即使天气晴朗时，也有可能是别的颜色的。临近黄昏时，天空可能是橙色或红色的，这是因为阳光中包含多种颜色的光波。有些颜色的光波被灰尘和空气中的其他颗粒散射时，天空就呈现出不同的颜色。

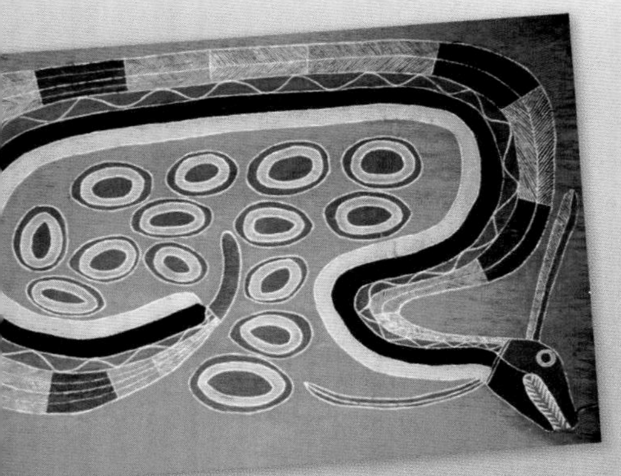

彩虹蛇

澳大利亚原住民崇拜一种叫作彩虹蛇的动物，他们认为彩虹蛇是创造地球万物的伟大造物主。它们平时生活在水中，会以彩虹的形式出现。

彩虹是拱形的，就像桥一样。

弯曲的色彩

阳光穿过空气中的水滴时，光波发生折射，不同颜色的光波折射的角度不同，阳光因此会被分成7种颜色——红、橙、黄、绿、蓝、靛、紫，于是天空中就出现了美丽的彩虹。

太阳旁边的光圈

阳光穿过由冰晶构成的薄云时，会形成彩色的日晕。云中的冰晶像水滴一样，能将阳光变成美丽的七彩光圈，也就是日晕。观察日晕的时候要注意，千万不要直接盯着太阳看，因为强烈的阳光会灼伤你的眼睛。

自制彩虹

只需要一杯水和一些明媚的阳光，你就能拥有属于自己的彩虹。把装满水的玻璃杯放在一张白纸上，让它面向太阳。阳光通过装水的玻璃杯时，会被分成7种不同颜色的光洒在纸上，一道绚丽的彩虹就出现在了你的面前。

彩虹中的7种颜色永远都以相同的顺序排列，最外面的是红色，最里面的是紫色。

有时候彩虹的外面还会出现另一道彩虹，这两道彩虹的颜色顺序是相反的。外面这一道彩虹被称作副虹或霓。

只有太阳在你身后的时候，你才能看清彩虹。

气候变化

地球上的气候发生过很多次改变。大约在10,000年前，地球表面的三分之一都被冰层覆盖着，此时正处于上一个冰河期——第四纪冰期。在地球不断演化的过程中，至少出现过三次大冰期。如今，我们生活在相对温暖的气候中，很多科学家认为，人类对大气层造成了太多的破坏，导致全球的气候在不断地变暖。

史前的气候

数百万年前，恐龙是地球的统治者。那时，地球的气候比现在更加炎热潮湿，欧洲大部分地区和北美洲都被森林覆盖着。

拦截阳光

地球只能接收太阳热量很小的一部分，但是这也足以让地球保持温暖。二氧化碳等气体就像温室的玻璃一样，帮助地球更好地保存热量。二氧化碳是一种温室气体，人类燃烧木材、煤炭和石油等物质都会产生二氧化碳。如果人类排放的二氧化碳过多，那么地球温度会不断上升。

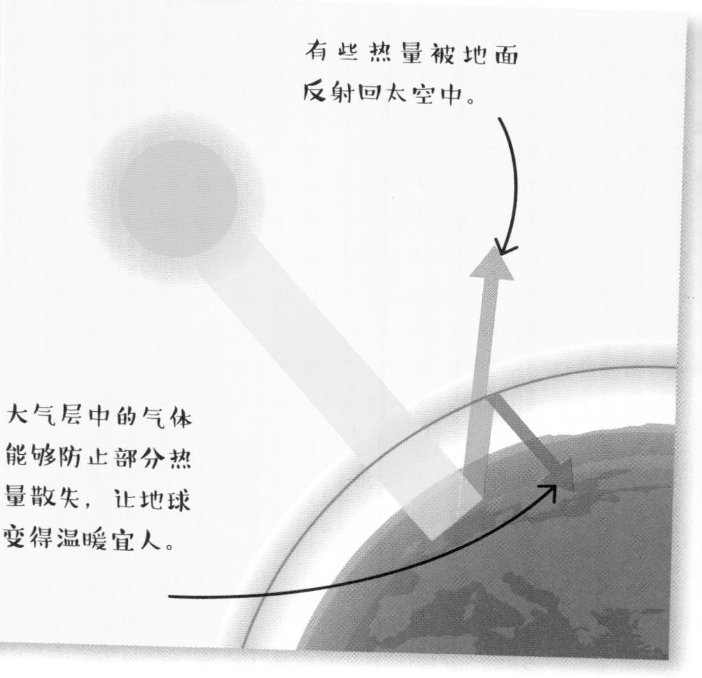

巨大的遮阳伞

火山喷发时会产生大量的灰尘和烟雾，这些灰尘和烟雾会进入大气层，它们就像一把巨大的遮阳伞一样遮住阳光，在地球表面投下一片阴影。因此，到达地表的阳光就会减少，使全球气温下降，这种降温效果能持续一年或更久。

保护树木

树木能够吸收二氧化碳，释放氧气和传输水分，而水分能形成云，云又能变成雨。因此，砍伐树木会削弱森林吸收二氧化碳的功能，燃烧木头还会释放出更多的二氧化碳。在双重打击之下，地球的温度会不断升高。

热带雨林对于减少空气中多余的二氧化碳至关重要。亚马孙河流域的热带雨林有着“地球之肺”的美誉，然而这里的人们为了种植农作物，每年砍伐的雨林面积相当于整个英国的国土面积。

大气污染

虽然你可能觉得难以置信，但人类的许多日常行为确实都会造成大气污染，如工业生产、燃煤采暖、驾驶汽车等。如果污染物排放过多，就会造成气候变化，一些地区可能会变得过于炎热，还有一些地区可能会出现洪水或干旱等灾情。现在减少污染物的排放，就意味着未来的人类能够生活在一个更干净、更舒服的地球上。

污染问题

工厂排放的烟会污染空气，还可能形成烟雾。烟雾是烟和雾的混合体，如果被人吸入体内，可能会诱发多种疾病。汽车尾气中的有毒气体不仅会影响人类的身体健康，还会阻挡阳光照向地面。

酸雨

通过燃烧煤炭或使用石油发电的电厂，会向空气中排放很多废气。这些废气会随风飘散，其中的氮氧化物和二氧化硫会溶解到雨滴中，形成酸雨。酸雨会腐蚀建筑物、杀死植物及许多动物。

酸雨会导致土壤酸化，它甚至能被风吹走，破坏数千千米之外的树木。

检测酸雨

通过一个简单的小实验，你就能检测出雨水是否呈酸性。你需要把两个紫甘蓝切碎，再准备一些蒸馏水、一些雨水、一只碗、两个广口瓶、一个量杯和一个筛子。

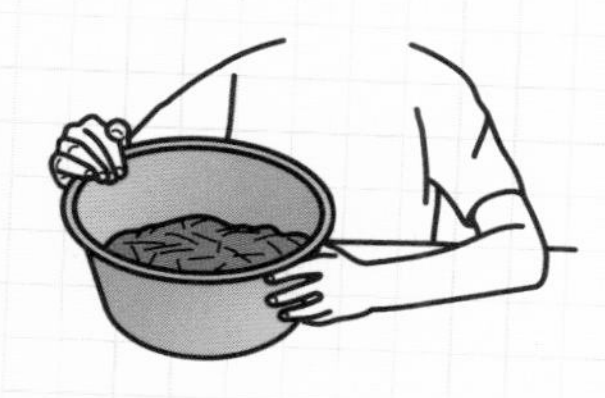

1.把切碎的紫甘蓝放入碗中，在父母的帮助下把蒸馏水烧热，倒进碗中。然后静置一小时，让碗里的紫甘蓝和水充分地混合。

2.将浸泡过紫甘蓝的水过滤到量杯当中。过滤出的液体应该是深紫色的。

3.在一个广口瓶中倒入20毫升蒸馏水，然后把从花园里收集到的20毫升雨水倒进另一个广口瓶中。

4.向每个广口瓶中加入等量的紫甘蓝水，这时水的颜色会发生改变。对比雨水和蒸馏水的颜色，如果发现雨水变成了红色，说明这些雨水就是酸性的。发生这种变化的原因是紫甘蓝中的花青素在遇到不同物质时会呈现不同的颜色。

地球的保护毯

大气中的臭氧层能够保护人类免受阳光中紫外线的伤害。但是，有些化学物质会与臭氧发生化学反应，破坏臭氧层。由于人类在工业生产中大量排放有害气体，造成大气层中的臭氧大量减少，在南极上空形成了臭氧空洞，让有害的紫外线到达地球表面，对很多生物造成了伤害。

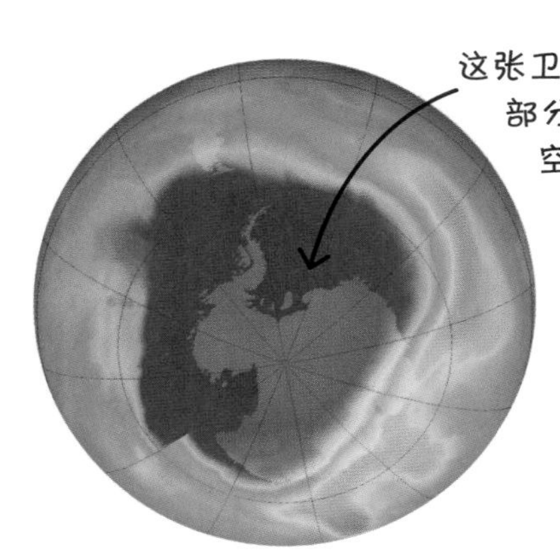

这张卫星照片中的蓝色部分，就是南极上空的臭氧空洞。

气象谚语

如今，相关工作人员会先用卫星和雷达等工具采集数据，然后天气预报员再告诉人们，未来一段时间内天气的具体变化。在这些先进技术和设备都没有发明之前，人们会在自然界中寻找能够预测天气的线索，那时候人们不仅仅观察天空，还会观察动物和植物的反应。有些现象是可靠的，而有一些信息并不是准确无误的。

土拨鼠的预测

土拨鼠是旱獭的俗称。在美国的一些地区，人们常说：如果在二月二日中午看到了土拨鼠的身影，那么冬天就会在6周之后结束。不过，土拨鼠并不永远是对的。

日落西山红霞飞

有一句谚语："朝霞不出门，晚霞行千里。"你可以试着观察日出日落时天空的颜色，看看这一条经验是否百试百灵。

天气干燥时，松果的种鳞会张开。

天气潮湿时，松果的种鳞会闭合。

松果预测天气

人们用松果预测天气的历史非常悠久。把松果放在室外，观察它会出现什么样的变化。如果天气非常干燥，松果的种鳞就会张开；而天气潮湿时，松果的种鳞就会闭合。

花瓣的力量

如果你想知道未来天气怎么样，可以去看看彩虹菊。这种植物原产于南非，目前在其他地方也是非常受欢迎的园艺植物。彩虹菊的花瓣在天气晴朗的时候张开，天气转阴的时候就会闭合。

青蛙的预报

一种判断会不会马上下雨的简单方法就是观察青蛙。当空气潮湿的时候，青蛙喜欢出来活动，因为下雨之前空气往往比较潮湿。如果你看到有很多青蛙出来活动，就意味着可能马上要下雨了。燕子低飞也是即将下雨的征兆。

天气预报

为了弄清楚未来天气的具体情况，工作人员需要收集全球各个气象站的气象数据，他们还会研究卫星收集的气象信息。工作人员把收集的信息输入到计算机中，并分析出这些因素会对天气状况产生怎样的影响，这样就可以预测未来的天气变化了。

太阳能板

天气符号

每一种天气都会用一个特殊的符号来表示。你可以试着记录一周的天气，看看自己能用到几种符号。

气象卫星

气象卫星是从太空对地球及其大气层进行气象观测的人造地球卫星。太空中的气象卫星由地球上的研究团队控制，它们能自动完成很多任务，如定期进行观测。

天气图

关于天气的信息通常都会展示在天气图上。人们将大气压相同的地方用曲线串联起来，就形成了等压线。等压线在低压区域和高压区域会形成闭合的环。除了等压线外，天气图中还会标注气温、云状、云量、能见度、风向、风速等信息。

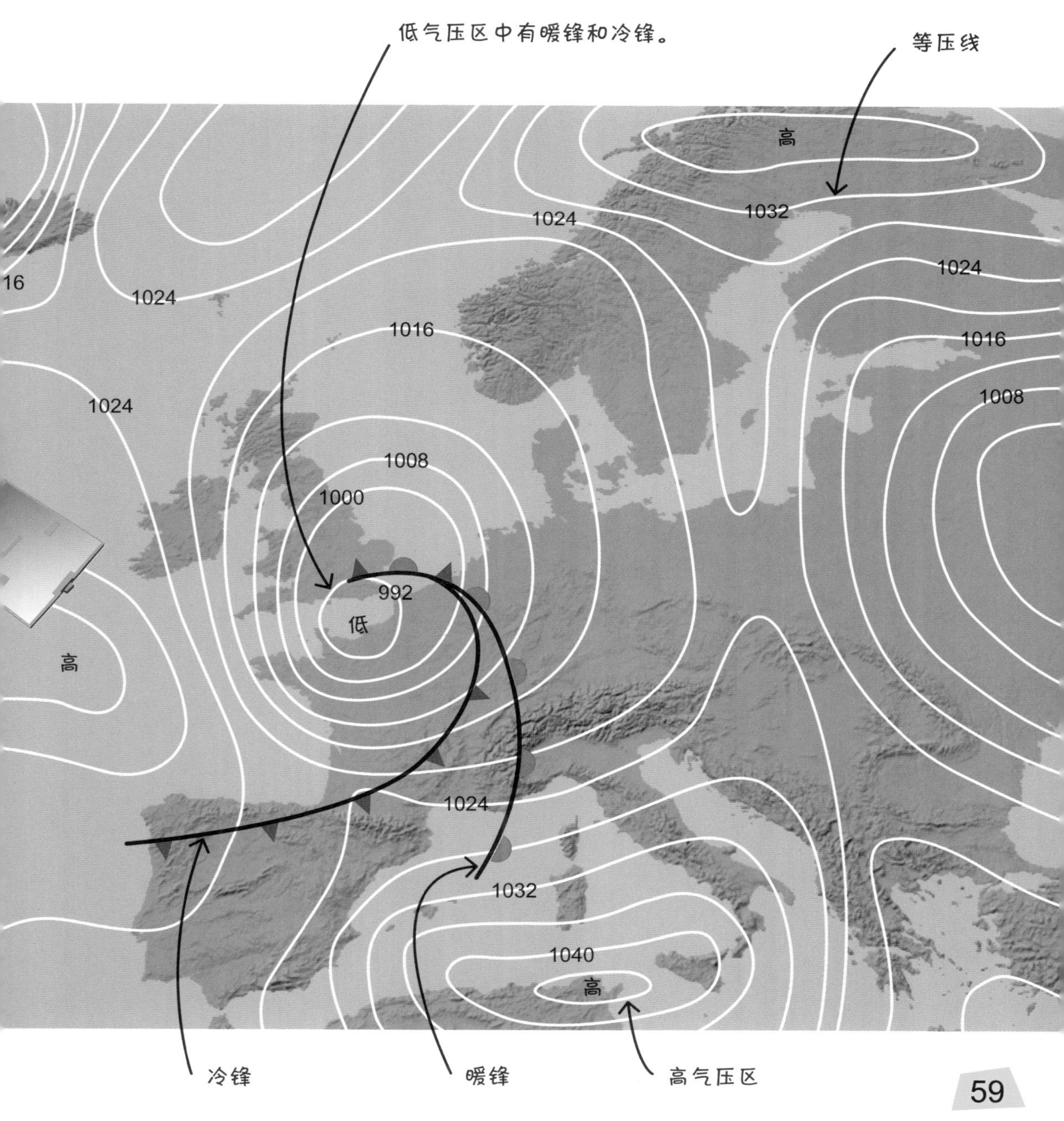

白昼

一天之中的天气也在不断地发生变化。天气晴好时，你能够通过一天中的天气情况来判断大概时间。例如，黎明时天气凉爽，午后时炎热，而晚上月朗风清。陆地上的最低气温一般出现在日出前，最高气温一般出现在午后。午后，太阳辐射开始减弱，地面将热量传给空气还需要一定时间，所以最高气温出现在下午两点左右。

日出

黎明通常是一天中比较冷的时段，因为经过整个晚上，地面的热量不断散失。夜晚凉爽的天气，让空气中的水蒸气凝结成水滴，所以日出时常常伴有薄雾。

正午

随着太阳在一点一点升高，早晨的薄雾渐渐散去，气温也慢慢回升。正午时候，温暖而潮湿的空气上升，在天空中形成几朵蓬松的积云。

下午两点

下午两点左右是一天中气温最高的时候。通常上午蓬松的积云会变得越来越高，在下午变成一场时间短、强度大的阵雨，有时甚至是雷暴。

黄昏

随着黄昏的降临，太阳的位置越来越低，它让空气受热上升的能力也渐渐变弱。所以黄昏时，天气总是无风而晴朗的，天空中很少会有云。

夜晚

一旦太阳落到地平线以下，天气就会逐渐变冷，尤其是没有能够保温的云层时，室外的温度会变得更低。

森林

Woodland and Forest

去看看森林

在你家的周围，或者附近的绿地、公园里，一定生长着许多树。虽然树随处可见，但是身处森林之中，被无数大树包围着，还是会有不一样的感觉。那就快去森林里探索一番吧！一片森林就像一座城市，许多森林居民生活在其中。如果你掌握了一些基本的诀窍，就很容易发现森林及森林居民们的奥秘。

出发之前，要穿上适合户外活动的衣服。森林里可能气温较低，还可能很潮湿，所以要穿着既保暖又防水的衣服。

嘘！别说话

如果想在森林里看到动物，就要尽可能保持安静。野生动物一般都非常警觉，听到一点儿声响就会迅速躲起来。还要记住，要在开阔的地方行走，不要钻进树丛里，否则不仅容易踩坏动物的巢穴，还有可能会迷路。

这是哪种树呢?

不同种类的树，形状和高度各不相同。虽说不可能有两棵长得一模一样的树，但同一种树的形态特征基本上是固定的，我们可以根据树的外形判断出它的种类。下面为大家介绍一些树木的基本形态特征。

树冠整体呈圆锥形。

赤杨

树干粗糙，有很多节疤、木瘤。

无梗花栎

树冠很大，向四周舒展。

鹅耳枥

树干粗壮，树冠宽大。

山毛榉

树冠整体又瘦又高。

白桦

树冠近似于圆柱形。

意大利柏木

什么是森林？

森林是一片生长着许多高大树木的宽阔地域。这里树木繁多，茂密的枝叶遮住了阳光，使树冠下变得非常凉爽而又阴暗。世界上不同地方的森林，类型也有所不同。森林是许多动物的栖息地，为它们提供了食物和居所。

云杉、落叶松等树的树叶，像绿色的针一样，这种树被称为针叶树。

抬头看看吧！
森林里的动物种类非常多。在所有类型的生态系统中，森林生态系统的物种多样性是数一数二的。许多森林居民都待在树上，快抬头找找，看你能发现多少种小动物。

针叶林

主要由针叶树组成的森林，叫作针叶林。针叶林中的树大多都是高瘦、笔直的，如松树、杉树等。这些树往往都结球果，球果中藏着种子。

松果

山毛榉的树叶又宽又平，到了秋天就会变黄、脱落。

雨林中不同种类的树叶，不但形状迥异，大小也相差悬殊。

阔叶林

阔叶林里的树大多有着舒展的树冠和宽阔的树叶。这些树叶在春天和夏天都是绿色的，到了秋天就会变黄并脱落。阔叶林的树种很多，常见的有山毛榉、橡树、杨树等。

栗子

雨林

雨林分为热带雨林和温带雨林，它们有一个共同特点——一年四季雨水都很丰沛。有的雨林中，各种高低不同的植物长得密密麻麻的，以至于下雨时，雨水从树冠的最高处流到地面，要花上10分钟的时间。

红花月桃

哪里有森林？

世界上大约三分之一的陆地被森林覆盖着。雨水足够丰沛、气温也刚好适宜的地区，都可以长出茂密的森林。就像没有长得一模一样的两棵树一样，哪怕走遍全世界，我们也找不到两片一模一样的森林。森林的分布范围十分广泛，从热带到寒带能看到各种类型的森林。

通加斯国家森林（北美洲）

通加斯国家森林是美国最大的国家森林，这里最主要的树种有云杉、铁杉和雪松等。这里是许多野生动物的栖息地，常住居民有狼、棕熊、驯鹿、麋鹿等，每年还有成千上万的鸟类迁徙至此。

亚马孙雨林（南美洲）

亚马孙雨林有一半以上的面积都在巴西境内，是世界上最大的热带雨林。也正是因为亚马孙雨林的面积足够大，所以里面的动物种类也特别多，全球共有约10,000种鸟类，其中约有2,000种都能在这里找到踪迹。

黑森林（欧洲）

德国西南部的山林地区被称为黑森林，因为这里的冷杉等树木非常茂密，所以远远望去，只能看到黑压压的一大片。其实，不只是森林外面看起来漆黑一片，就算走在黑森林里面，也会觉得很阴暗。

孙德尔本斯红树林（亚洲）

孙德尔本斯红树林主要分布于孟加拉国，是世界上最大的红树林之一。红树植物根系发达，能在海水中生长，所以红树林成为沿岸防护的第一道海岸防线。

刚果雨林（非洲）

刚果雨林是很多珍稀动物的家园，如低地大猩猩和非洲森林象。在刚果雨林中，有些区域的树木极其茂密，从来没有人深入它的腹地探访过。

针叶林

大多数针叶树都能承受得住比较恶劣的气候条件，这称得上是“顽强”的表现。阔叶树的树叶会散失很多水分，而针叶树则不然，它们坚硬而纤细的针叶能将水分更多地保留在体内。因此，在炎热而又干旱的地方，如夏季干燥的地中海地区，针叶树也能生长得非常好。而在冰天雪地的寒带地区，针叶树更是硕果仅存的高大乔木，世界上最大的几片针叶林就分布在俄罗斯和加拿大这两个寒冷的国度中。

针叶树

针叶树有很多种类，如各种松树、杉树等，它们得名于那细得像针一样的叶子。不过，并不是所有的针叶树都如此，也有少数针叶树的叶子像带子一样，或者是呈鳞片状的。不同针叶树的叶子虽然形态不一，但是都很厚实、坚韧，还有一层像蜡似的防水表皮。

很多针叶树都长得又高又直。

“腊肠”树

有些针叶树的球果是长条形的，看起来就像腊肠一样，在一些国家，人们就把这种树叫作腊肠树。云杉就是这种类型的树，每当秋天来临之际，云杉的果实就像一根一根的腊肠悬挂在树上。到了冬天，它们的枝叶会下垂，积雪就能从树上滑落下来，而不至于压断树枝。

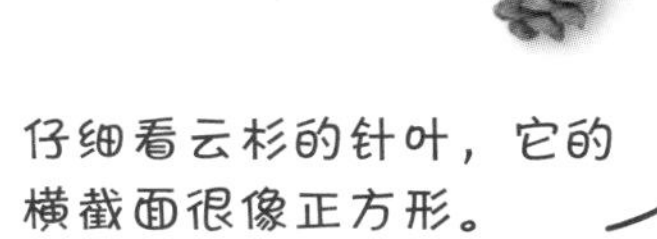

仔细看云杉的针叶，它的横截面很像正方形。

猴爪杉

猴爪杉的树冠呈规整的圆锥形，就像一把伞。它们的叶子尖尖的，在树枝上呈螺旋状排列。猴爪杉又叫智利南洋杉，它们原本分布于智利和阿根廷，由于外形美观，现在也在很多国家人工栽培，用于园林观赏。

猴爪杉的叶子尖端非常锋利，像硬刺一样。

很多针叶树的树枝非常柔韧，下雪时，它们的枝条被积雪压弯，于是雪就自己滑落下去。这样，即便是积雪又多又重，树枝也不至于被压断。

雪地追踪

动物们在雪地里走过，会留下清晰的爪印。雪后天晴时，我们可以轻而易举地发现这些痕迹。鹿、乌鸦和松鼠，都是北方针叶林里的常住居民，快来看看它们的爪印分别长什么模样吧！

鹿的爪印

乌鸦的爪印

前爪　后爪

松鼠的爪印

针叶林里的植物

很多针叶树都是常绿树，即使在冬天也不落叶，密密麻麻的树叶遮天蔽日，所以在针叶林里几乎一年到头都不见天日。而针叶树的叶子往往富含植物酸，掉落的枯枝树叶逐渐腐烂，把针叶林里的土壤也变成了酸性的。缺乏光照、酸性土壤，这些对大多数植物来说并不是什么好事，所以与其他类型的森林相比，针叶林里的花草要少得多。

浆果藤

针叶林里生长着很多攀缘植物，黑莓就是其中一种，它们能够适应这种环境并茁壮成长。黑莓的藤条上布满了棘刺，它们靠这些刺牢牢地抓住大树，向上攀缘生长，到高处寻求阳光的普照。对于森林里的飞禽走兽来说，黑莓的果实十分可口，是大自然的馈赠。

对于狐狸和鹿来说，黑莓就是一款美味的小甜点。

蕨类植物

蕨类植物并不开花结果，而是靠孢子来繁殖。大多数蕨类植物都喜欢潮湿、阴暗的环境。很多蕨类植物的植株非常矮小，例如，在我国多省可见的蹄盖蕨，其高度通常不超过50厘米。但也有一些蕨类植物非常高大，分布在广东省、广西壮族自治区的苏铁蕨，植株可高达1.5米。

森林里盛开着花朵，昆虫们穿梭于花丛间，吸食着甘甜的花蜜。

灌木丛

针叶树属于裸子植物，它们的花没有花瓣，所以我们很难注意到针叶树的花。然而，针叶林里并不是没有美丽的花朵，在高大的针叶树下面，生长着一些灌木丛，春夏之际便会开花。野蔷薇就是一种能在针叶树下生长的植物，在亚洲、美洲和欧洲的北部，都能见到它们的身影。

地衣

除了攀缘植物、低矮灌木外，针叶林里还生长着苔藓和地衣。地衣是一类特殊的植物，是真菌与能进行光合作用的藻类一同形成的共生体，所以地衣与藻类、蘑菇的亲缘关系更为接近。鹿蕊又叫驯鹿地衣，是北方针叶林里一类常见的地衣，它们是驯鹿最重要的食物。在秋冬季节，鹿蕊甚至能铺满整个森林的地面。

苔藓

苔藓是一类较为低等的植物，高等植物具有维管束，可以用根从土壤中吸取水分并运输到植株各处，而苔藓却做不到这些。苔藓只能像海绵一样吸水，而不能运输水分。和蕨类植物一样，苔藓不开花，依靠孢子繁殖。

针叶林里的动物

很多动物都以针叶林为家，特别是在冬天，针叶树不会落叶，能为小动物们遮挡风雪。还有一些动物只生活在针叶林里，在其他地方根本见不到它们的身影，因为它们赖以生存的食物只能在针叶林里找到。针叶林为动物们提供了丰富的食物和安全舒适的庇护所，让它们得以在这里繁衍生息。

苏格兰松的松果

欧亚红松鼠

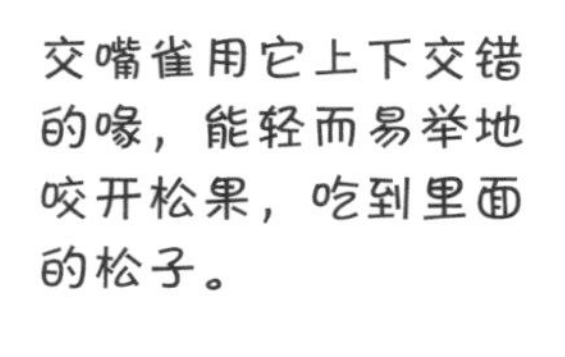

交嘴雀用它上下交错的喙，能轻而易举地咬开松果，吃到里面的松子。

松果收集者

针叶林里生活着很多鸟类和小型哺乳动物，它们都以针叶树的种子为食，如交嘴雀和松鼠。松鼠有储存粮食的习性，每当秋天松树结果时，它们就会收集很多松果，分散藏在各处的秘密基地，等到冬天食物短缺的时候，再取出来吃。

驼鹿

在所有的针叶林居民中，驼鹿是个头儿最大的植食性动物。夏季，它们以绿草和嫩枝为食，但到了冬天食物匮乏的时候，它们就只能吃松树和杉树的针叶。这可不是什么动物都能做到的，因为针叶非常硬，大多数动物都不爱吃。

用松果做个小动物

松果可以作为小手工的材料，试试看，你能用松果做出多少种小动物？先从做小老鼠开始吧。首先，用两片瓜子壳当小老鼠的耳朵，把它们粘在松果上。

然后，给松果粘上一双小眼睛。最后，粘上一截棉绳当尾巴，小老鼠就完成啦！

顶级捕食者

在针叶林中，位于食物链最顶端的是灰狼等肉食性动物，它们以捕食森林里的其他动物为食。灰狼通常结成小群狩猎。单枪匹马时，它们只能捕食小型动物，如野兔和鼠类；群体作战时，灰狼的战斗力就大大增强，能捕食麋鹿、驼鹿等大型动物。

阔叶林

阔叶林主要由落叶树组成。每年春天，它们会生长出新的绿叶。秋天一到，绿叶就慢慢变黄，然后凋落。冬天，阔叶林中除了少数常绿树还挂着叶子之外，其他的树都变得光秃秃的。每当漫长的寒冬刚过完，温暖的阳光开始洒遍土地，而大树还没来得及再次长出新叶时，森林里总会开出许多五彩缤纷的花朵。阔叶林的地面上鲜花遍地，就像铺了一张五颜六色的地毯。

栗树的树叶

长形的树叶

栗树很好辨认。首先，它们的叶子比较长，在整片森林里也是数一数二的。其次，栗树的树皮上有很多纵向的裂纹，看起来就像无数绕着树干向上延伸的螺旋线。

不落的枯叶

山毛榉的树叶表面非常光滑，边缘处却极不平整，呈锯齿状。山毛榉的树叶到了秋天也会变黄枯萎，却不一定会脱落，尤其是在冬天，其他树的叶子全都落光了，而山毛榉依然披挂着不少棕黄色的枯叶。

山毛榉的树叶

参差不齐的边缘

不同种的橡树，叶子的形状整体相似，但边缘却往往有所不同，如白栎树叶子的边缘就是参差不齐的。如果秋天去阔叶林里玩儿，记得提防橡树的果实。成熟的橡树果实会从树上落下来，如果不小心被砸中脑袋，那可是很疼的。

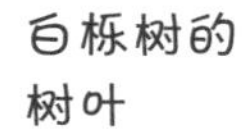

白栎树的树叶

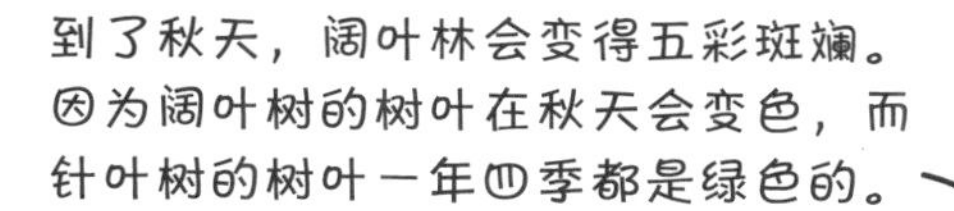

到了秋天，阔叶林会变得五彩斑斓。因为阔叶树的树叶在秋天会变色，而针叶树的树叶一年四季都是绿色的。

每到秋天时，不同种类的阔叶树树叶的颜色也不相同，有红色、黄色、橙色等。

绚烂的森林

到了秋天，阔叶林会变得非常美丽，各种不同的树叶呈现深浅不一的红色或黄色。秋高气爽的天气，很适合外出游玩，因此很多地方都有红叶节，人们纷纷登高望远，欣赏漫山红遍的胜景。

如果你仔细翻找，一定能从落叶中找到隐匿于其中的小蠕虫和小甲虫。运气好的话，还能找到别的小动物哦。

可降解的垃圾

秋天，森林里的地面上满是枯叶，由于无人清扫，常常堆了厚厚的一层。在有些人看来，枯叶是垃圾，不过这跟人类丢弃的难以降解的垃圾不同，枯叶很快就能被微生物分解，还能让土壤变得更加肥沃。

可爱的睡鼠很喜欢藏在枯叶中。

阔叶树

阔叶树种类繁多，不同树种的叶子，其形状、尺寸各不相同。阔叶树的树叶几乎都呈薄薄的扁平状，相对针叶树的树叶要宽阔得多，因此被称为阔叶树。温带的阔叶树大多是落叶树，秋冬之际，树叶就会枯萎脱落。不过在热带，阔叶树大多是常绿树，树叶一年四季都是绿油油的。

落叶

夏末秋初之际，很多温带阔叶树的树叶开始变黄，枯叶与树枝的连接变得非常脆弱。几场秋风吹过，枯萎的树叶便纷纷离开枝头飘落在地。如果把一棵大树所落下的叶子全都清扫到一起，枯叶堆能高达两米，完全可以把一个站立的成年人淹没在其中。

名副其实的“阔”叶

枫树是槭（qì）树科植物的俗称。挪威槭又叫挪威枫树，是一种名副其实的阔叶树，它们的树叶宽度大于长度。大多数枫树都有掌形的树叶，有的枫叶长得像鸭子的足印，还有的长得像人张开五指的手掌。

叶脉将营养物质和水分输送到叶片的每一个角落。

有时，叶脉的形状也是鉴别树种的重要依据。

蛇皮纹

并非所有枫树的树叶都是掌形的，红脉槭的叶片就是箭头形状的。红脉槭的树皮常常纵裂成蛇皮状，所以人们也把它叫作蛇状树皮枫。

这片红脉槭的树叶有细锯齿状的边缘和尖尖的顶端。

叶中叶

有些叶子看起来就像被人用剪刀剪成许多小叶子似的，这种叶片被称为复叶。白蜡树的树叶就是这样的，生活中最常见的复叶，大概要数月季的叶子了。

拓印叶脉

要想把一片阔叶树叶子的叶脉图案记录下来，除了拍照之外，还有一种简单的方法。只需要把树叶背面朝上平铺放好，再将一张纸盖在上面，然后用油画棒或者铅笔在纸上来回涂抹，叶脉的形状就会被拓印到纸上。画完之后别忘了加个标注，写上这是什么树的叶子，俗话说：“好记性不如烂笔头。”

林中花朵

植物生长需要阳光，而森林里面往往非常阴暗，因为浓密的树冠遮挡住了绝大多数阳光。那么，森林里那些低矮的植物是如何生存的呢？在阔叶林里，高大的树木年复一年地长出遮天蔽日的树叶，而低矮的植物趁着每年初春大树还没来得及换上新装之际，抓紧时间生长、开花。

开花的树

大多数的树都会开花，只不过有的花开得美丽张扬，有的花开得内敛含蓄。那些生长在森林边缘地带的树种，往往会在春天开出绚丽的花朵。很多开起花来明艳动人的树，都被人们当作园林观赏树种培育，在世界各地广为种植，如原产于北美洲的加拿大紫荆。

五叶银莲花

五叶银莲花又叫木质银莲花，它们的花朵形状非常精巧，就像一颗颗小星星。五叶银莲花的花期很早，尤其在历史较为悠久的原始阔叶林里，它们是每年最先开花的几种植物之一。不过，它们的“亲戚”——我国的银莲花，却是在夏季盛开。

延龄草

延龄草主要分布于北美洲和亚洲东部，它们的花朵只有三片花瓣，样子简约大方。延龄草有膨大的块根，曾经生活在森林里的美洲印第安人会把这些块根当作药材来使用。

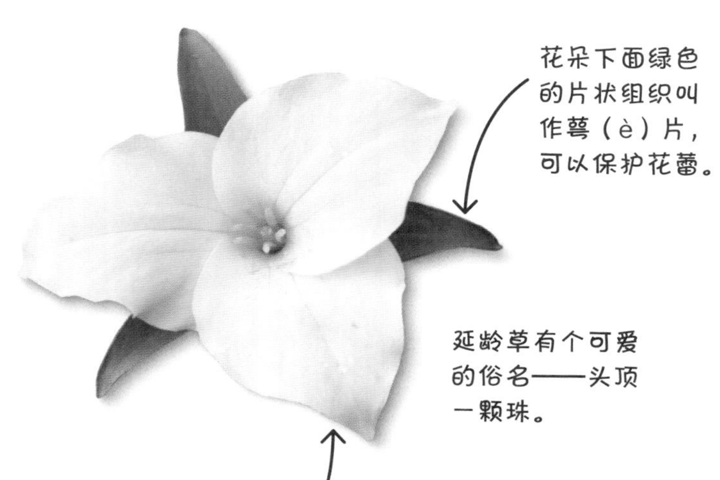

花朵下面绿色的片状组织叫作萼（è）片，可以保护花蕾。

延龄草有个可爱的俗名——头顶一颗珠。

延龄草的花只有三片花瓣。

蓝铃花

英国生长着许多蓝铃花，每当春风拂过大地，无数蓝铃花随风摇曳，就像一层缓缓流动的蓝紫色迷雾笼罩在草坪上，美不胜收。对于蛰伏了整个冬天，刚刚苏醒的昆虫来说，蓝铃花的花蜜和花粉是丰盛而又美味的大餐。

共享美餐

紫罗兰是常见的野花，也是很多动物钟爱的食物。当紫罗兰盛开之时，蝴蝶和小蚂蚁便会前来啜饮花蜜，而另一些昆虫则啃食紫罗兰的叶子，小鹿和小兔子也非常喜欢吃紫罗兰的叶子。再过一段时间，等花朵凋落、种子成熟后，许多鼠类和鸟类就会食用紫罗兰的种子来填饱肚子。

阔叶林里的动物

阔叶林的物种非常丰富，各种大大小小的动物生活在这里。从虫子这样的小不点儿，到中等体形的鹿，再到黑熊这样的大块头，都能在阔叶林里找到栖身之所。阔叶林多分布于温带，为了生存，这里的动物必须适应四季的气候变化。当然，这可难不倒它们，很多动物都有生存的绝招。

鸟类

阔叶林里生活着许多种鸟类，然而，当我们走进森林时，往往只能听到鸟叫，却看不到它们的身影。尤其是在春天，这是大多数鸟类求偶的季节，悦耳的鸟鸣声充满整片森林。还有一些鸟类，如猫头鹰，它们是夜行动物，夜晚才出来觅食，白天则躲起来呼呼睡大觉，所以我们很难观察到它们出来活动。

猫头鹰在夜间捕食小型哺乳动物。

松鼠

松鼠和它们一到冬天就呼呼大睡的“表亲”——睡鼠不一样，它们不冬眠，所以需要在秋天收集大量食物并储存起来，才能安然度过食物短缺的冬天。坚果富含脂肪又可以长时间不变质，因此成为松鼠的首选“储备粮”。

狐狸毛茸茸的大尾巴，就像一把大刷子。

狐狸

我们口中常说的狐狸，通常是指赤狐，这是一种常见的犬科动物，在北半球的很多地方都能见到它们的身影。狐狸既聪明又灵巧，主要以野兔等小型哺乳动物为食，偶尔也吃一些浆果、昆虫、蜥蜴、鸟蛋及人类的厨余垃圾，可以说一点儿也不挑食。

马鹿是一种体形仅次于驼鹿的大型鹿。

鹿

说到森林里的动物，很多人首先想到的就是鹿。鹿是森林里重要的一员，它们以嫩枝、树叶、树皮、青草为食。森林除了给小鹿们提供食物外，还能为它们遮风挡雨，更能保护它们不被天敌和猎人发现。

爬行大军

蚯蚓、马陆和地鳖都是森林里常见的小动物，它们负责把落叶和枯枝分解殆尽，变成土壤中的营养物质。蜘蛛和蜈蚣是森林里的小杀手，能捕食各种昆虫。蜗牛和蛞蝓是“爬行大军”里的重要成员，它们主要吃叶子和蘑菇。特别值得一提的是，蚯蚓、马陆、蜘蛛和蜈蚣，虽然常被叫作虫子，但它们其实并不是昆虫。

低头找找，你能发现几种虫子？

雨林

空气湿度高，阳光也很炽烈，这样的条件对于植物的生长来说，再适合不过了，这就是热带雨林中的植物长得如此繁茂的原因。在这里，疯狂生长的大树，一棵紧挨着一棵，为了不被“邻居”挡住阳光，每棵树都努力向上伸展，最终长到了惊人的高度。

生命的大本营

科学家推测，世界上超过一半的陆生动植物物种在雨林生态系统中都有分布，其中还有很多是雨林所特有的。很多雨林的深处从来没有人踏足过，一些物种可能至今都没有被人类所发现。

不可或缺的雨林

包括人类在内的各种动物，都需要氧气才能生存。而地球上的氧气，有百分之二十是由雨林中的植物制造的。雨林还能吸收大量二氧化碳，这有助于维持全球气候稳定，避免各种极端气候现象的发生。

热带雨林的分层

热带雨林中的植被，从上到下形成规律的垂直分层，就像一栋楼分为不同的楼层一样。通常包括森林树冠层、冠层、林下叶层、灌木层和地面表层。

森林树冠层

雨林中树的树冠往往稠密得连成一片，但有一些树长得更高，从密不透风的树群中脱颖而出，这些最高的树的树冠就构成了森林树冠层。

冠层

连成一片的稠密树冠组成了冠层，冠层的高度一般在距离地面20～40米处。这里被阳光直射，温度非常高，繁茂的枝叶非常适合动物居住。有很多动物生活在这里，如鸟类和红毛猩猩。

林下叶层

低于冠层但又明显高于地面的是林下叶层。由于冠层几乎遮挡了全部的阳光，这里就成为蕨类、攀缘植物等喜阴植物的天地。这里凉爽且易于躲藏，很受小型动物的青睐。

灌木层

灌木层比林下叶层更低，这里光线非常微弱。低矮的植物和大树的幼苗会竭尽全力获取每一丝宝贵的阳光，以争取生存下来的机会。

地面表层

由于难以通风散热，因此地面表层是整个雨林中最炎热、最阴暗、最潮湿的一层。雨林的地面上堆积着数不清的植物残骸，其中还藏着很多小虫子。

雨林里的植物

热带雨林一年四季都很闷热潮湿，与温带植物春夏生长开花、秋冬接近休眠不同，这里的植物每天都在生长，不断有花儿开放。热带雨林的植物类型非常多，其中很多植物都只能在雨林里见到。这些植物已经适应了热带雨林特殊的环境，很难在其他环境中生存。

很多兰花都被人工培育成室内植物。

香荚兰的花是黄色的。

神奇的兰花

兰花种类繁多，从温带到热带都有分布，其中至少有10,000种不同的兰花生长在雨林里。很多兰花可以直接从潮湿的空气中获取水分，所以即使没有土壤也能生长。我们吃的冰激凌、甜点等食物，有香草口味的，其实“香草”就是一种兰花。香草口味来自具有独特芬芳的香兰素，最初是从香荚兰的果荚中提取出来的。

花界“寄生虫”

大王花是世界上花朵最大的植物，花朵直径可达1米以上，重量可达11千克。大王花分布在东南亚的热带雨林中，是一种寄生性草本植物，它们不进行光合作用，而是寄生在其他植物身上吸收养分，“偷来”的养分几乎全部用于花朵的生长。

大王花会散发出恶臭难闻的气味，因此又被称为腐尸花。

刀嘴蜂鸟喜欢吸食西番莲的花蜜。

花间穿梭

西番莲的藤上长有许多卷须，这些卷须可以帮助它们紧紧缠绕在其他高大的树上。为了吸食西番莲香甜的花蜜，蜜蜂和蜂鸟都会在它开花的时候前来造访。不过它们的动作可得快一点儿，因为西番莲的花只开一天就凋谢。一朵清晨盛开的花，到黄昏就会“关上大门”，探访者的动作稍慢一点儿就采不到花蜜了。

雨水积存在凤梨科植物的叶子上形成小水洼，有时能在里面找到箭毒蛙。

有用的水洼

在凤梨科植物中，有一位我们非常熟悉的成员——菠萝。美洲热带雨林里的凤梨科植物有上千种之多，这些凤梨科植物能长在地上、石头上，甚至是其他植物的身上。凤梨科的很多植物都和菠萝长得大同小异，有着重叠丛生的长条形叶子，这种结构可以让雨水积存在叶片根部，形成一个小水洼。这样一来，很多依赖水的昆虫和青蛙，便有了一处新家，甚至这个新家还有可能是在大树上的“空中楼阁”。

王莲

王莲不耐寒，当温度低于20摄氏度时，便会停止生长。在原产地南美洲的热带雨林里，一年到头气温都很高，所以王莲可以不断生长，平均每个季度能长出40～50片新叶。王莲是水生有花植物中叶片最大的一种，叶片的直径可达2.5米。

雨林里的动物

在所有生态系统类型中，雨林的物种多样性是最高的，无论是哺乳动物、两栖动物、鸟类还是昆虫，都能在雨林里找到许多种类。在雨林里，很多大块头的动物都是性情平和的植食性动物，而一些不起眼的小动物却是非常危险的厉害角色。许多动物都有绝妙的保护色，几乎能和周围的环境融为一体，想找到它们可不是一件容易的事情。

潜伏的猎手

美洲豹是亚马孙雨林中最神秘的动物之一，它们喜欢在黎明或黄昏时分狩猎。在昏暗的光线里，美洲豹布满斑点的身体，和雨林中斑驳的树影混在一起，极难分辨。美洲豹是十分厉害的猎手，它们甚至会下水捕猎，有时还能抓住比自己体形更大的猎物。

林中播种者

红毛猩猩非常稀有，它们的栖息地因为遭到人类的严重破坏，只剩下不到原来五分之一的面积。如今，全世界只能在两个岛屿上找到野生的红毛猩猩，那就是东南亚的加里曼丹岛和苏门答腊岛。红毛猩猩爱吃雨林中的各种果实，它们在树冠间自由穿梭，摘取成熟的果子吃，然后将果核丢弃。这样一来，就无意中帮助植物把种子播撒到四面八方。

红毛猩猩擅长爬树。

一抹亮蓝

雨林是蝴蝶理想的家园，因为这里气候温热、植被丰富，一年四季都有花儿盛开。蓝闪蝶便是一种生活在南美洲雨林里的漂亮蝴蝶。它们是一种大型蝴蝶，翅膀展开有13~20厘米宽，上面泛着美丽的金属光泽，非常绚丽夺目。

高层住户

生活在亚洲热带雨林里的犀鸟，以奇特的外形而著称。它们生活在高高的树上，除了会飞，还很擅长在树枝上爬来爬去。犀鸟头上像犀牛角一样的突起，叫作盔突。有人认为它能起到扩音的作用，帮助犀鸟的叫声传得更远。

别看我小，就小看我

箭毒蛙生活在南美洲的雨林里，它们有着鲜艳醒目的颜色。这种警戒色能让捕食者一看就知道，它们是有毒的狠角色。有一些箭毒蛙的毒性非常强，甚至捕食者只要轻舔它们的皮肤就能被毒死。

探索森林

森林里有趣的东西可真是数不胜数。如果你有机会去森林里游玩，不妨试试，看看你能在森林里找到多少好玩儿的东西。最好带上望远镜或放大镜，这样可以方便你观察那些不易被人察觉的生物；也可以带上纸和笔，把你的新鲜发现都好好地记录下来。

虫瘿

虫瘿（yǐng）一般长在叶子上、树枝上或树干的树皮上，它们像突起的肿包或肿块。虫瘿的大小差异很大，有的能长到葡萄那么大，有的却只有绿豆般大小。植物长出虫瘿，是因为有造瘿生物（多是昆虫）在这里产卵，幼虫躲在里面取食，刺激植物细胞加速分裂、畸形分化。

成熟的松果张开种鳞，释放种子。

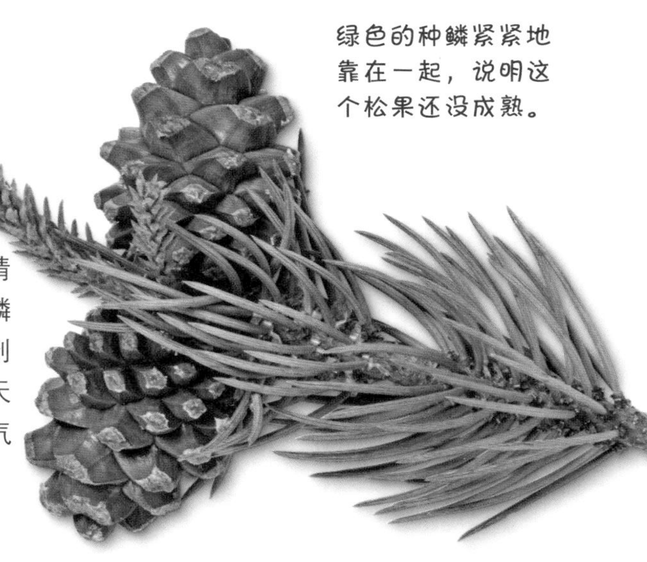

绿色的种鳞紧紧地靠在一起，说明这个松果还没成熟。

松果

松果是天然的天气预报员。在天气晴好、空气干燥的时候，成熟的松果的种鳞就会张开，释放种子。因此，如果你看到许多打开的松果，就意味着接下来几天天气不错。如果松果紧紧闭着，则说明空气潮湿，很有可能会下雨。

猫头鹰的食丸

如果你在树下发现一团混合着动物皮毛和碎骨头的“土块”，说明很可能有猫头鹰住在附近，因为这团东西就是猫头鹰吐出来的食丸。把食丸泡在水里，然后用镊子轻轻拨散，大概就能知道这只猫头鹰最近都吃了些什么。

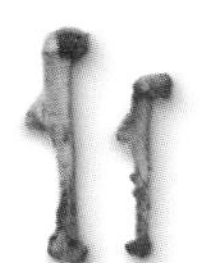

食丸里有细小的哺乳动物的骨头，说明这只猫头鹰可能吃了野鼠或小家鼠。

松鸦的羽毛

森林里的鸟儿或许可以躲藏得很好，但它们掉落的羽毛却暴露了行踪。根据掉落在地上的羽毛，我们可以知道这片森林里生活着哪些鸟类。例如，左图中这根黑色、白色、蓝色相间的羽毛，就是从松鸦翅膀上掉落下来的。

翅果

槭树、白蜡树和榆树等树的果实是翅果，因为它们长着一双“翅膀”，这样的结构能让果实被风吹到很远的地方去。如果你在森林里见到地上掉落有这样的果实，说明附近可能生长着槭树或榆树等树种。

鼠类能用锋利的牙齿嗑开坚果的硬壳。

坚果

哪里有坚果，哪里就会有吃坚果的动物。捡一些榛子或橡子，凑近仔细观察一下，很可能会在壳上发现有鼠类留下的小牙印。野鼠、松鼠等动物都爱吃坚果，很多昆虫的幼虫也以坚果为食。

森林是如何形成的？

罗马不是一天建成的，森林也不会一夜之间就凭空出现。就像人从婴儿一点一点长大变为成年人，树苗也是一点一点生长变成参天大树的，所以一片森林需要经过许多年，甚至好几个世纪才能形成。最初的一小片树丛，逐渐扩大规模，经历不同的阶段，最终变成大森林。随着时间的推移，一些物种会迁入，一些物种会消失，物种组成发生了变化，这一有顺序的发展变化称为演替。

无论是自然事件，还是人为事件，都能严重影响森林的演替，如火灾、风暴、洪水、人类砍伐等。

裸露地面

建房子需要打地基，森林的形成也需要以土地作为基础。一片森林在诞生之初，也只不过是一片光秃秃的地面而已。

草本植物和蕨类植物

有一些低矮的小草喜欢在没有大树的土地上生长，一旦光秃秃的土地上长起低矮的小草，土壤就会变得更适合植物生长。于是，另一些对环境要求更严格、长得更高的草本植物开始在这里安营扎寨，还有一些喜光的蕨类植物也随之加入。

灌木丛

在草本植物和蕨类植物生长数年之后，植株更高、茎叶更多的灌木也开始在此生长。灌木不断发展蔓延，一旦形成规模后，灌木丛下的草本植物就会因为缺乏光照而逐渐衰退消失。最终，灌木和低矮树木就会取代一部分草本植物。

记下你的发现

如果你打算和朋友们一起去森林中探险，无论是去幼年林还是成熟林，都不妨带上一个小本子，把你们的发现记下来，看看你们能找到多少种不同的植物。

幼年林

时间继续推移，经过25～50年之后，环境进一步改变，一些生长速度快的速生树种开始进驻这片土地，并与这里原有的植物竞争，再次逼退一批“老住户”。每年秋天，这些树木脱落的枯叶还会继续改变这里的土壤。

成熟林

再过50～150年，这片土地上的树木就会越来越多，种类也越来越丰富，更加高大粗壮的树种开始在此生根发芽。随着大树的成长，越来越浓密的树冠渐渐把阳光遮挡得严严实实，树下的灌木因为得不到充足的光照而枯萎死去。只有当大树被折断树枝或者枯死倒伏时，灌木才能获得生长的机会。

季节更替

地球上的一些地区，不同季节之间有着巨大的气候差异。例如，温带地区夏季和冬季的平均气温相差很大；热带草原旱季和雨季的降水量有天壤之别。植物不能迁徙，为了生存，它们必须尽自己最大的努力去适应不同季节的气候。在寒冷或干旱的季节落叶，以减少热量或水分散失，就是适应季节变化的一种表现。

变化大还是变化小？

在接近赤道的地方，全年的气温都差不多，如澳大利亚东北部的热带雨林。距离赤道越远，不同季节之间的气温变化就越大。例如，我国大部分地区都位于温带，夏季非常炎热，而冬季却很寒冷。

做个记录

选一棵你喜欢的落叶树，在一年中的不同时节，分别给它拍一张照片。这样，树木在一年中的变化便能一目了然了，你就能清楚地看到一棵树从发出新芽到落尽枯叶的全部过程。

春

春天，落叶树会长出新的叶子。树枝上冒出小小的、卷在一起的叶芽，叶芽很快就会舒展开，变成嫩绿色的叶片。有了叶子，大树就可以进行光合作用，利用阳光、空气和水为自己制造养分。

夏

春天新长出来的嫩绿色的树叶，到了夏天，就会变成深绿色，叶片也会变得更加坚韧。很多爱吃树叶的昆虫只咬得动嫩叶，对坚韧的叶片却束手无策。还有一些树，会在夏天长出许多新叶，替换那些被啃坏的叶子。

秋

树叶呈绿色，是因为叶片里含有叶绿素。其实叶片里还有其他色素，只不过叶绿素遮盖了别的颜色。到了秋天，气温逐渐下降，叶绿素被分解，其他色素的颜色显现出来，叶片就变成红色或黄色的。到了深秋，枯萎的树叶会从树枝上脱落。

冬

冬天，落叶树没有叶片了，它们不再进行光合作用，便停止生长，进入休眠状态，直到第二年春天再次苏醒。冬天的落叶树只剩下光秃秃的树枝和树干，等到被春风唤醒后，它们会再次长出绿叶，一轮新的循环就此拉开帷幕。

抬头看看

大树周围总有很多动物，有的在树根附近活动，有的则住在树干里，当然也有一些动物整天待在树冠上，在那里觅食、睡觉、求偶、育雏。如果你有机会去森林的话，别忘了抬头向上看，仔细观察大树的枝叶间，那里可是时刻都有动物的精彩表演。

谁住在那里？

很多鸟类和哺乳动物都在树洞里做窝，松貂就是其中一种。松貂分布在欧洲，它们会把树洞打造成温暖舒适的家。运气好的话，你还能看到松貂的小宝宝从树洞口探头探脑地往外看。春天，在阔叶林和针叶林里都能看到鸟儿筑巢的场景，只要保持安静，留心观察，就很有可能看到鸟儿叼着树枝、苔藓等巢材飞过的场景。

搭便车

槲（hú）寄生是一种半寄生植物，它们寄生在其他植物身上。和大王花不同的是，槲寄生只吸取寄主的水分和无机物，自己进行光合作用。槲寄生并不扎根于土壤，而是将根伸入寄主的树枝或树干里。

槲寄生很容易辨识，它们会在寄主的树枝上长成圆球状。

谁在动？

要想观察树冠上的动物，最方便省力的姿势就是躺着。你有可能看到松鼠在高高的树杈上跳来跳去，也有可能看到小猴子三五成群地在嬉戏。在北美洲的森林里，浣熊也是容易露面的动物之一。要是到了雨林，而你又足够幸运的话，还能看到绚丽多彩的金刚鹦鹉。

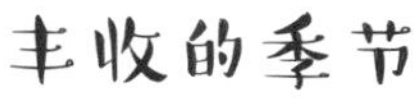

秋天是很多植物果实成熟的季节，很多动物都会收集大量的食物储藏起来，留到冬天食物短缺的时候再吃。橡树啄木鸟会把大树当作粮仓，在树干上凿出许多孔，然后把橡子塞到里面。在秋天的森林里，除了欣赏红叶之外，观察动物也是一个不错的选择，树叶脱落，动物不容易躲藏，这让我们更容易发现它们。

这是什么鸟？

看看你能在森林里找到多少种鸟儿。鸟儿通常藏在树冠的枝叶间，要想发现它们，最好是在春天的清晨。因为，春天是大多数鸟儿繁殖的季节，每天早上都会有很多雄鸟唱着动听的歌儿追求雌鸟。

朽木的死与生

森林里的树死去之后，枝干会逐渐变得疏松脆弱，最终整棵树会轰然倒下。虽然倒伏在地意味着一棵树的死亡，但它也给很多小生命带来新的生机。一段朽木上，往往生活着许多种不同生物，有小动物、植物、地衣、真菌等。对于小树苗而言，大树倒下不仅能让它们沐浴阳光，还能为它们提供养分。因此，倒伏的树木也被称为滋养木。

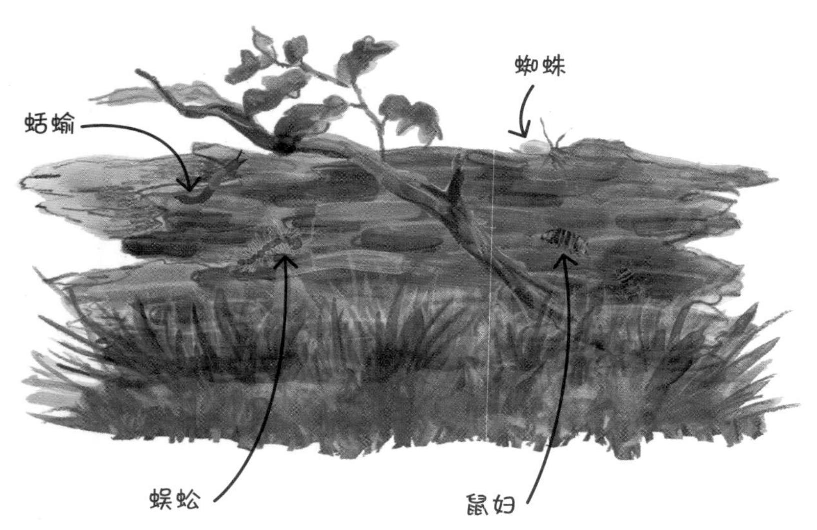

开始

一棵死去的树刚倒下时，蛞蝓和鼠妇会率先占领树干邻近地面的区域。它们喜欢阴暗潮湿的地方，也能靠吃腐烂的植物填饱肚子，因此枯树是其理想的栖身之处。然后，蜈蚣和蜘蛛紧随其后而来，它们会捕食蛞蝓和鼠妇等动物。

一年后

在树木倒伏大约一年之后，会有更多的生物迁入这里，并在此安家。扁蝽喜欢生活在倒伏的树木的树皮下，它们常常聚集成群。而一些甲虫会在树干上钻孔，把卵产在里面，幼虫孵出后就以朽木为食。苔藓和蘑菇也会在这里生长。

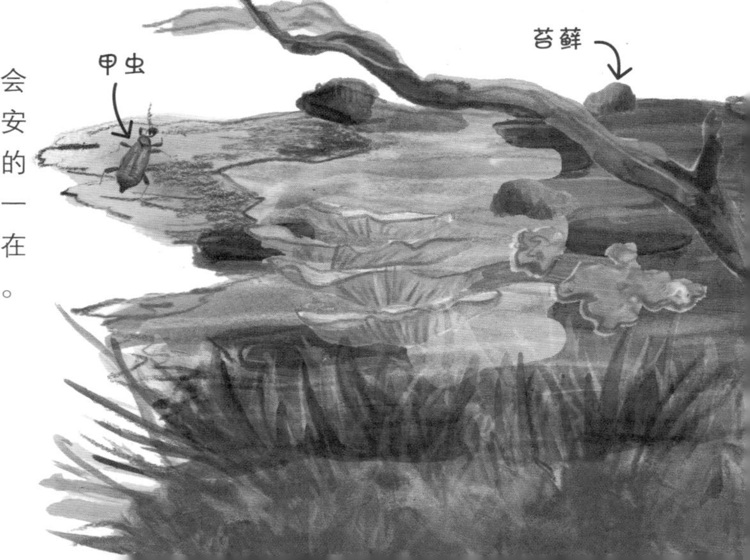

两年后

树木倒伏两年后，已经遍布窟窿、支离破碎，整个树干都被地衣、蘑菇和青苔覆盖。木胡蜂和锹甲在此安营扎寨，它们的幼虫藏在树干里面，把朽木既当成巢穴，又当成食物。而啄木鸟会凿开树干，找到里面的幼虫大快朵颐。

你能找到什么？

如果你遇到一棵倒伏的树木，不妨仔细找找，看你能发现多少种生物在这里生活着。把你的发现记录下来，过一段时间再去看看，数一数，生物的种类和数量是不是会有一些变化呢？

木材用途广

森林给无数的动物提供了食物和栖身之处，而对人类来说，森林也同样是无比宝贵的，它为我们提供了重要的资源——木材。我们的祖先尝试制造的第一种工具，很有可能就是用于挖掘的木棍。直到21世纪的今天，我们的生活仍然依赖木材，数不尽的地方要用到木材，如建房子、造船、做家具、制造玩具等。

树汁有弹性

生活中有很多东西都是用橡胶制成的，如汽车和自行车的轮胎、橡皮筋、鞋底等。橡胶是由从橡胶树的树汁中提取出的胶质加工制成的。工人们在橡胶树的树皮上凿开一个孔，将流出的树汁收集起来，然后运送到工厂进行一系列加工，最终变成我们随处可见的橡胶。

软木

葡萄酒瓶塞、软木餐垫等软木制品通常是用栓皮栎的树皮制成的，它的密度和硬度适中，柔韧性和弹性也不错，能很好地密封瓶口，又不会完全隔绝空气，可以使红酒的口感更加醇香细腻。

节日传统

在一些国家，摆放圣诞树是圣诞节的传统，能扮演圣诞树角色的，是冷杉、云杉等圆锥状树形的针叶树。过去，人们直接去森林里砍树，然后带回家精心装饰一番。如今，人们不再随意砍伐天然林，取而代之的是人工种植的针叶树。

一整张纸会被切割成合适的大小。

造纸术

我们日常生活中使用的纸，也是用木材制成的。在造纸厂里，粗大的树干被机器粉碎，加入水制成纸浆。糊状的纸浆经过压榨、烘干、漂白等一系列工序，最终变成各种各样的纸。造纸术是我国古代的四大发明之一，是人类文明史上一项杰出的发明创造。

造纸

你知道吗？我们可以利用废纸来制作新的纸。首先，收集一些旧报纸，然后把一张细密的金属网钉在一个框架上，再取一个汤锅，并准备好一件旧衣服或一条毛巾，这样就可以开始了。

1.把旧报纸撕碎，放到汤锅里，然后加入多半锅水，将汤锅放在火上加热。汤锅里的东西烧开后再用小火熬煮成糊状，这就是纸浆。

2.纸浆冷却后，将它倒在金属网上，等水滤下，纸浆中的固体就留在了金属网上，这就是纸。晾一会儿后，把湿纸从金属网上拿起来，放在干净的旧衣服或毛巾上。

3.等到第二天，湿纸变得比较结实了，就把它和垫着的旧衣服或毛巾一起挂起来，彻底晒干。

纸做好后，你还可以用干燥的花瓣或树叶来装饰它。

经济林

森林是人类祖先得以生存的决定性因素之一。森林中生长的各种水果和坚果，为他们提供了宝贵的食物。现在，我们吃的绝大多数水果都是经过人工培育，与祖先们吃的野生水果不一样。人工培育的水果，很多都已无法适应自然环境，需要种植在果园里，由果农精心照料。不过，时至今日仍有一些坚果等植物果实未经人工改良，可以直接从野生树木上摘取。

野苹果

我们常吃的苹果又红又大，香甜可口，而野生苹果的个头儿非常小，味道更像酸酸的山楂。几千年来，一代又一代的果农不断挑选，每次都选择那些个头儿最大、味道最甜的苹果，取里面的种子来种植，经过无数次改良，终于有了今天这样美味的苹果。

如今，在一些森林里仍然有野苹果树，还有人专门种植用于观赏。

最受欢迎的豆

2,000多年前，生活在美洲热带雨林附近的人发现了可可树。可可树的种子有非常独特而又迷人的味道。现在，全世界很多地方都种植可可树，它们的种子被称为可可豆，是制作巧克力的主要原料。

二者同源

有一种原产于印度尼西亚群岛和加勒比海地区的常绿树，名叫肉豆蔻树，如今很多热带种植园都引种栽培。肉豆蔻树出产厨房里使用的调味料，而且不止一种。肉豆蔻树的种子就是肉豆蔻，而种子外面有一层绯红色肉质的假种皮，被称为肉豆蔻衣。肉豆蔻和肉豆蔻衣都是人们常用的调味料，使用前需要将它们磨成粉。

野性难驯

巴西胡桃树生长在南美洲的热带雨林里，它们能长到60米。令人感到惊奇的是，人工饲养的蜜蜂不能给巴西胡桃树的花朵授粉，只有雨林里野生的兰蜂才能胜任这个工作，这意味着巴西胡桃树很难在人工经济林里种植。

做艘果壳船

坚果壳可以用来制作小船，做法非常简单，用半个核桃壳当船体，把一块橡皮泥按进里面。然后用牙签穿上一片叶子或者一张纸作为船帆。要小心，别被牙签扎破手。最后，把船帆插在橡皮泥上，果壳小船就完成了。把小船放到水中，就可以看它扬帆起航啦！

危险

森林里的很多生物都是安全无害的，但有一些动物会在受到威胁时咬人，还有一些动物则身带剧毒。例如，有的毛虫身上长满有毒的毛刺，以免自己被捕食者吃掉。植物也是一样，虽然大多数植物对人无害，果实还能供人食用，但也不是每一种植物都如此友好。有些植物能让碰到它们的人长疹子，甚至有些植物也是有毒的。因此，如果没有十足的把握，千万不要随便碰森林里的生物。

危险的蘑菇

在自然界，鲜艳的颜色常常代表警告。颜色漂亮醒目的蘑菇大多都是有毒的，所以不要去碰那些黄色、红色等亮丽的蘑菇。如果不小心误食了这些蘑菇，轻则腹泻，重则丧命。不过，很多颜色暗淡的蘑菇也有剧毒。为了保险起见，千万不要触碰任何野蘑菇。

虫小麻烦大

昆虫在面临危险时，会采用叮、咬、蜇等方式进行自卫。虽然它们个子很小，但被它们伤到，还是会让人疼痛难忍，甚至中毒身亡。如果伸手去抓锹甲类的甲虫，你的手指可能会被夹伤；蜜蜂和黄蜂都蜇人，蚂蚁作为它们的近亲，有些种类也有尾针，会扎伤人；蜱虫又叫扁虱，它们会爬到人的身上吸血，但是它们的动作很轻，难以让人察觉到。从森林里回来之后，一定要仔细检查，看看身上是否有伤口。

毒葛的叶片很有光泽。

不要乱碰植物

很多植物都有毒，如北美洲森林里常见的毒葛和毒栎，人们只要轻轻触摸一下，就会引发皮疹，痛痒难耐。衣服接触过毒葛一年之后，仍可能带有毒素。还有很多带刺的植物，很容易扎伤人，如野蔷薇等。森林里的果子不能随便乱摘，更不能随便乱吃，以免中毒。

近距离目击

听到有人靠近，大多数动物都会选择躲起来。如果运气够好的话，能看到它们出来活动。如果你邂逅一只动物，要保持安静，站着别动，给它空间和时间，让它离开这里。要是遇到像熊一样的大家伙，千万不要仓皇逃跑，那样更容易激起它们追赶的兴趣。

给蛇一点儿尊重

很多蛇都是无毒的，而且绝大多数蛇都很怕人，遇到人时只想赶快离开。但是，如果你不小心踩到了一条蛇，或者离它太近而让它感觉受到了威胁，它很可能会为了自卫而攻击你。如果在野外看到蛇，最好的办法就是与它保持距离，绕道走开。

森林里的蘑菇

蘑菇属于真菌，在生物分类上，真菌是一个独立的类群，既不属于植物，也不属于动物。很多时候，我们所看到的裸露在地面上的蘑菇，叫作子实体。有时，一朵蘑菇只是一个巨大生物体的其中一部分，很多朵蘑菇共同属于一个生物体，它们的地下部分是相连的。蘑菇是大自然不可或缺的“回收工”，它们能把枯死的植物分解成其他生物可以利用的营养物质。

檐状菌

一层一层横着生长的片状蘑菇被称为檐状菌，云芝就是其中一种。大多数檐状菌都生长在枯死的树干上，它们能分解朽木的木质，有些动物会以檐状菌的子实体为食。

以朽木为家

马勃菌是一种生长在死去的树桩、倒伏的朽木或掉落的树枝上的蘑菇，它的子实体长得像高尔夫球一样。蘑菇靠孢子繁殖，如果成熟的马勃菌被其他的东西碰到了，它就会喷出一股烟，这股烟其实就是无数微小的孢子。孢子随风飘散，只要落到适合生长的地方，就会长出新的马勃菌。

破坏王

有些蘑菇对森林是有危害的，如蜜环菌。蜜环菌的地下部分在土壤中蔓延，吸取大树根部的营养。因此，大树的根系会被蜜环菌侵害。如果森林的地面冒出许多蜜环菌的子实体，那就意味着这一带的大树都危在旦夕。

地下工作

很多蘑菇都有名为菌丝体的地下部分，菌丝体由许多单根细丝状的菌丝组成，这些菌丝在地下交织成网。毒蝇鹅膏菌生长在大树的根系周围，它的菌丝一部分伸入树根的皮层细胞间，从树根里吸取养分；另一部分在树根附近蔓延，从土壤中吸收养料和水分供给大树。就这样，真菌与大树互利互惠，形成共生关系。

为了安全起见，千万不要去碰任何你不认识的野蘑菇，它们很可能有剧毒。

森林的危机

在自然环境中，森林有很多的“敌人”。例如，有些植物和真菌能侵害森林中的树木，风暴能摧毁大片森林，过度繁殖的植食性动物会把树皮和树叶啃食殆尽，洪水、气候变化等也能改变森林的面貌。人类的活动也会对森林造成不利影响，如引发森林火灾、 大肆砍伐树木或排放有害的废弃物等。

火灾

并不是所有林火都对森林有害，反而有的森林需要火的帮忙。一些松树的松果被厚厚的树脂封闭着，只有经历林火，松果才会裂开，种子才能在火灭后萌芽。但是如果火势太强、过火面积太大，植物就会被焚烧成灰，森林里的动物也会被炙烤而死。

采伐

平均每一分钟，全世界的森林面积就会缩小约20个足球场那么大。这背后的主要原因，正是人类过度采伐森林。人们为了扩大耕地面积、放牧牛羊、修建城镇，不断地砍伐树木，造成森林面积的锐减。

酸雨

汽车尾气和工厂、火力发电站排出的废气中，含有很多二氧化硫、氮氧化物等物质。雨雪在形成和降落的过程中，将这些物质溶解在其中，形成酸性的雨雪，这就是酸雨。酸雨可导致土壤酸化，植物也会因此中毒，甚至死亡。

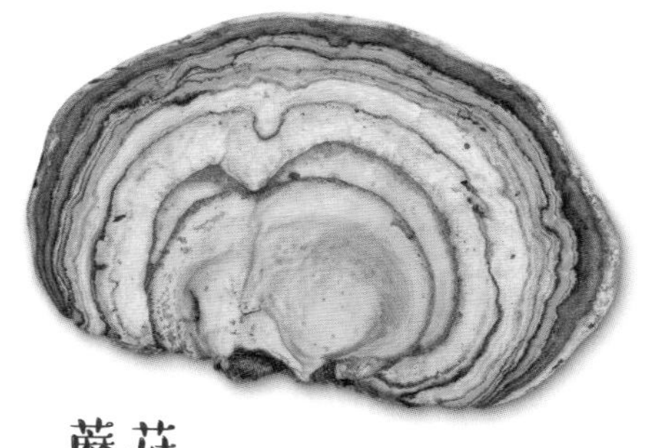

蘑菇

有些蘑菇只利用朽木的营养，但有些蘑菇却像寄生虫一样，从活着的树木上吸取养分，它们也会对森林造成危害。这些蘑菇的菌丝能侵入树皮、树根，还能像传染病一样危害一大片树木。

绞杀

热带雨林中有一类植物叫绞杀无花果树，这个名字来源于它们的生活习性。它们的种子被动物带到大树的树冠上，并在那里萌芽，然后长出很多根须，沿着大树的树干向下伸到土里，许多根互相交叉、融合，紧紧地勒住大树，大树就这样被绞死了。

你能做什么？

节约用纸、重复利用、回收纸张。造纸需要砍伐大量树木，使用再生纸制成的纸袋、纸箱，可以避免更多的树木被砍伐。

尽量不食用需要草场放牧才能养殖的动物的肉，让人工草场变回森林。

需要购买家具等木制品时，只从那些按计划伐木、不过度砍伐并种植新林的正规公司购买。

森林的朋友

森林是许多生物的家，有一些动物以大树的各个部位为食，还有一些动物则会捕食它们，既间接从大树那里获得了食物，又维护了大树的安全。这些友好的动物和大树就像亲密的伙伴，彼此互利互惠。森林也给人类带来许多恩惠，因此越来越多的人开始报答森林，加入保护森林的队伍当中。

卫兵蚁

一些金合欢树与蚂蚁形成了奇妙的共生关系。金合欢树上有很多长长的刺，刺的根部膨大呈球形，球体内部中空，蚂蚁便在里面做窝。除此之外，金合欢树还为蚂蚁提供花蜜等食物。为了回报金合欢树的恩情，蚂蚁承担起“卫兵”的职责，帮助清除树上其他的虫子，甚至勇猛地叮咬前来吃树叶的羚羊。

医护鸟

森林为鸟儿提供安全的筑巢地点，还有丰富的食物资源。鸟儿也会回报森林，捕食那些啃咬树叶、吸食树汁的昆虫，帮助大树保持健康。还有很多鸟儿吃大树的果实，但它们不能消化其中的种子，于是种子便随着鸟粪被排到远处。这样一来，鸟儿就帮助大树“传宗接代”了。

护林员需要密切注意森林火灾隐患。

护林员

为了维护整片森林的健康和安全，护林员需要做很多工作，包括种植新的树苗、移除患病树木、消灭危害林木的动物、排查火灾隐患等。有一些地区会公开招募护林志愿者，你也可以加入到保护森林的队伍中。

一起来帮忙

在你去森林游玩时，也可以做一些保护森林的事。例如，把路上看到的垃圾捡起来带出森林；不在森林中用火，以免引发林火；发现树木生病就向护林员报告等。

灭火

当发生森林火灾时，消防员会挖出防火沟渠，清除火场附近的杂物，避免火势蔓延，同时还会喷洒水或干粉等灭火剂扑灭大火。消防员还会有计划地在森林里点燃小规模的林火，这样做是因为如果长期不发生林火，森林里会积累太多落叶和枯枝，一旦发生意外火灾，火势将难以控制。另外，小规模的林火可以帮助种子萌发，改善土壤，以及让小树苗获得成长所需的阳光和空间，真可谓是一箭双雕！

森林的传说

自古以来，森林在人们心目中就充满了神秘感。世界各地都有一些关于森林的古老传说，人们代代相传。传说的主角通常是生活在森林里的奇幻生物。比较著名的有独角兽、巨人、野人、树妖、魔术树精等，在那些引人入胜的故事里，它们或正或邪，活灵活现。

独角兽

很早以前，独角兽的传说就开始流传了。独角兽看起来就像头顶长着一根角的马，体色通常是纯白色的，幽居在森林深处。传说中的独角兽是一种温和、优雅的动物，具有神奇的魔力。

巨人

北欧流传着关于巨人的传说，他们生活在斯堪的纳维亚半岛的森林里。关于巨人的样子，不同的传说中所描述的也各不相同，但他们有一个共同点——身形非常高大。在很多故事里，巨人是森林的保卫者，他们守护着森林里的每一棵树木和每一寸土地。

树妖

在古希腊神话中，森林里面住着树妖，她们又叫林中仙子、护树宁芙。树妖是一群美丽的年轻女孩，她们住在森林的湖泊旁或高山脚下。希腊神话里还有名为德律阿得斯的森林女神，她们共有姐妹八人，每个人都以不同的树名来命名，并住在相应的树木附近。

野人

在北美洲的民间传说里，有一种身材魁梧、浑身多毛的野人，看起来有点儿像猿，据说他们生活在美国和加拿大的森林里。野人又叫大脚怪、萨斯科奇人，有人认为他们实际上是一种已经灭绝的类人猿。

魔术树精

在北美洲的一些印第安土著部落里，流传着关于森林里的魔术树精的故事。这种妖精被叫作卡农第，他们喜欢用魔术捉弄进入森林的人类，常常弄得人迷失方向，在森林里绕来绕去。

特殊的森林

在人们的印象里，森林往往都是一大片树海，由无数的针叶树或阔叶树组成，大树摩肩接踵地生长在一起。不过，世界上还有一些其他类型的“森林”，并不符合人们的这种固有印象。很多地方都有这样的“森林”，跟大家所理解的森林大相径庭。

草本森林

在东南亚地区，有很多由高大植物组成的森林，它们看起来和普通的森林一样，然而这些植物却不是树，而是特别高大的草。这种“森林”就是竹林，我国有很多竹林。虽然竹子长得很高，像大树一样坚挺，但它们却是草本植物。

化石森林

很多远古时期的森林，虽然早已衰亡，但却留下了化石，甚至其中一些还保留了原貌。那些史前的树木，由于突发洪水、气候剧变或地质运动等原因被深藏在泥土、冰层或火山灰之下，经过千万年的时间，变成化石。整片被掩埋的远古森林，在适宜的条件下，就形成了化石森林。

巨树森林

贝壳杉是一种非常高大宏伟的树木，也是世界上最长寿的树木之一。如果你想观赏贝壳杉，就一定要去新西兰的怀波阿森林，那里贝壳杉的数量堪称世界之最。世界上最大、最古老的贝壳杉就在那里，据推测这棵树大约已经有2,000岁了，人们称它为“森林之王”。

干旱森林

在极为干旱的地区，凡是能生存下来的植物，都有一套特殊的生存绝技。例如，非洲的猴面包树，它们有着膨大的树干和树枝，内部的木质非常疏松，能够像海绵一样吸收大量的水。在雨季，猴面包树会努力地存储水分，用来度过漫长的旱季。

泽国森林

对于绝大多数植物来说，沼泽、湿地和河滩是难以扎根生长的地方，因为植物的根系需要呼吸，只有与空气接触较多的疏松土壤才能满足这个要求，而红树林是个例外。红树林由多种适应水面环境的植物组成，它们让根系伸出水面呼吸，看起来就像把自己高高撑起一样。

鸟类
Birds

看看鸟儿

你可能并不会时刻关注鸟儿，但是在很多地方都能看到它们，如树林、海边或城市。爱鸟的人常常选择使用望远镜等不打扰野生鸟类生活的工具来观察它们，这些人自称观鸟者。如果你也成为一名观鸟者，那么你很快就会学到许多关于鸟类的知识。例如，它们如何觅食、如何飞行，以及不同的叫声等。

家麻雀

在世界上很多国家和地区都能见到这种小鸟，它们在城镇和乡村都有分布。在我国西部和东北地区也有它们的身影，不过我国大部分地区更常见到的是它们的近亲——树麻雀。雄性家麻雀的头顶是灰色的，前颈部呈黑色，雌性则不具备这些特征。

穿得低调点儿

去野外观鸟时应该穿黑色、白色、灰色等颜色的衣服，这样可以更好地与周围环境融在一起。因为穿着颜色鲜艳的衣服会让你非常显眼，鸟儿的警惕性很高，一旦发现异常就会迅速逃离。此外，还应该带一些保暖、防水的衣物，以应对突然降温或下雨等突发情况。

鸟儿总是保持着警觉，如果不小心弄出声响可能会吓跑它们，所以观鸟时要尽可能保持安静哦！

素描簿最好选择有硬质封面的螺线本，这样即使在没有桌子和画板的野外也能方便你作画。有了素描簿，你就能把所看到的鸟儿的形态、颜色、飞行姿势等特征记录下来。

如何画鸟？

要想准确地记录下鸟儿的特征，把它们画下来是个很好的办法。其实画鸟没有你想象的那么难，先用简单的线条勾勒出鸟儿的大致轮廓，再逐一添上细节即可。

1.先画两个椭圆，小的代表鸟儿的头部，大的代表鸟儿的身体。

2.然后加上脖子、喙、爪子和尾巴。

3.再将身体的细节和羽毛的颜色补充完整。

如果画正在水里游泳的鸟儿，可以用半圆来代表它的身体。

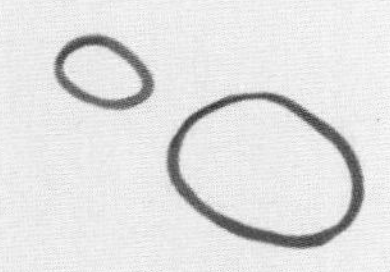

1.画飞行中的鸟儿，也是从画两个椭圆开始的。

2.加上翅膀、脖子、喙和尾巴，注意要把脖子是伸出的还是缩着的姿态表现出来。

3.画出翅膀的细节，并将颜色补充完整。

鸟类的特征

世界上不同种类的鸟，大小、形态各不相同，但它们有一些共同特征。所有鸟类的体表都覆盖着羽毛，除了保暖之外，羽毛还有很多其他功能。鸟类体温恒定，以卵生的方式繁殖后代。它们都有硬质的喙，爪子上包裹着细小的鳞片。几乎所有的鸟类都有一对翅膀，但是几维鸟、鹤鸵等鸟类的翅膀已高度退化，外表几乎看不出来，而鸵鸟、企鹅等鸟类虽有翅膀却不会飞。

细长而又尖利的喙，适合从泥土或草丛里翻找食物。

鸟类全身覆盖着许多羽毛。

紫翅椋鸟

每一种鸟都有其独有的特征，分类学家根据这些特征，将鸟划分为不同的种类，全世界大约有10,000种鸟类。例如，紫翅椋鸟最显著的特征，就是它那一身闪烁着紫绿色辉光并带有白色斑点的黑色羽毛，冬季时这些白色斑点尤为明显。

鸟类的喙非常轻，由骨骼和外部覆盖的角质层组成。骨骼虽然是中空的，却十分强韧。

骨架结构

右图所示为紫翅椋鸟的骨架。鸟类和我们人类一样，也有许多块骨头。不同的是，鸟类的骨头轻而薄，里面有很多空腔且充有空气，可以减轻它们的体重，更好地适应飞行生活。鸟类的腿其实很长，看起来像膝盖处的关节，实际上是鸟类的踝关节，相当于我们人类的后脚跟。

紫翅椋鸟有很大的龙骨突。龙骨突是胸骨前向下伸出的一块纵突。用于飞行的发达肌肉一端连接在龙骨突上，另一端连接在翅膀上。

踝关节

鸟喙

鸟类没有手，所以很多事情都需要喙的协助，如梳毛、筑巢、啄食等。不同种类的鸟长着不同形状的喙，每种鸟喙的形状和大小都与它们的食性有着直接的关联。

很多鸭子都是杂食性动物，主要以藻类植物和小动物为食。它们会一头扎进水中，张开又宽又扁的喙，含上一口水后再闭上。水被挤出，而食物被长有齿状边缘的喙卡在嘴里。

苍鹰是一种猛禽，会捕食小型鸟类和鼠类等小型动物。它们尖钩状的喙十分有力，能够将猎物撕成小块。

金翅雀主要以植物种子为食，因此它们结实的喙长得又短又粗，这样才能弄开坚硬的果壳，吃到里面的籽粒。

鸟爪

不同种类的鸟，它们的爪子形态也有不小的差异。鸟用爪子来握住树枝、走路、划水、刨土，还有一些鸟用爪子来捕捉猎物。

很多生活在水边的鸟，爪子上都长着蹼。蹼是趾间的皮膜，可以帮助它们划水。

猛禽的爪子非常粗壮有力，弯钩状的锋利爪尖可以将猎物牢牢抓住。

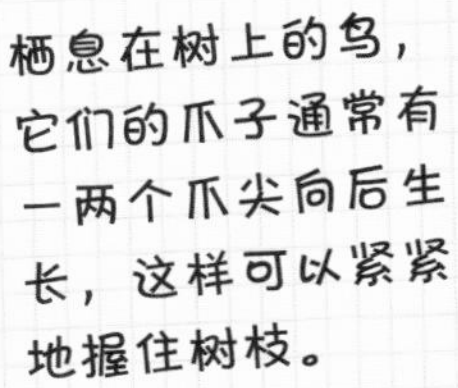

栖息在树上的鸟，它们的爪子通常有一两个爪尖向后生长，这样可以紧紧地握住树枝。

身披羽毛

鸟类的羽毛与其他动物的毛不太一样，结构更加复杂，类型也更为丰富。一只中大型的鸟，如天鹅，身上的羽毛超过25,000根。哪怕是小不点儿蜂鸟，也有大约1,000根羽毛。羽毛能保暖，一定程度上也能防水，还能帮助鸟类飞行。鸟类能拥有鲜艳多彩的体色和妙趣盎然的体态，也归功于羽毛。

红隼的翅膀

图中所示为从红隼翅膀上取下来的羽毛。每根羽毛中间都有一根中空的杆——羽轴，在羽轴的两侧斜着长了许多羽支。

羽毛的作用

这只正在展翅飞翔的红隼，翅膀和尾巴上较长的羽毛在飞行中发挥着非常重要的作用。鸟类身体上其他部位覆盖着的小片羽毛，并不用于飞行，而是起防水、防风、减少阻力等作用。在表层羽毛之下，还有许多蓬松的绒毛，可以说是鸟类的“保暖内衣”。

晾晒羽毛

鸬鹚在潜水时，羽毛间隙中的空气都会被挤出去，这样可以使它们在水下的活动更加灵活，有助于快速捕食。等潜水捕食结束之后，鸬鹚会站在岸边张开双翅，它们要花上很长时间才能把浑身的羽毛彻底晾干。

尾羽扮演着舵的角色，可以控制方向。除此之外，还能起到“刹车”作用。

寻找羽毛

不妨从现在开始收集羽毛吧！把你在花园、海边、树林等不同地方见到的羽毛都收集起来，刷干净后晾干，用胶带粘在白纸上，或者用干净的透明文件夹装好。在羽毛旁边做好标记，写上你是什么时候、在什么地方发现它的，你也可以猜猜每根羽毛分别属于什么鸟。

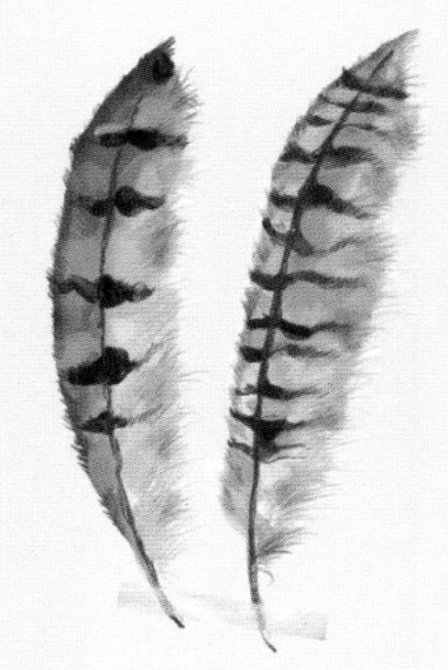

猫头鹰的飞羽侧面有着极为柔软的边缘，能起到消音的作用，因此猫头鹰可以无声地飞行，悄悄接近猎物而不被猎物察觉。

很多鸟类的覆羽根部也长着细软的绒毛，能够起到保暖的作用。

腾云驾雾

鸟类靠拍打翅膀来起飞、升空并保持在空中飞行。鸟类翅膀的羽毛构造，巧妙地运用了空气动力学原理帮助飞行。当鸟类向下挥舞翅膀时，羽毛将翅膀下方的空气向下、向后推挤，形成气流，这能让它们向上、向前飞行。

当翅膀向上挥动时，羽毛会扭转方向使彼此之间产生缝隙，让空气可以从中流过。

快速飞行

除了雨燕、游隼等以飞行速度快而著称的鸟类外，我们熟知的鸽子也是快速飞行小能手，而且它们的耐力和爆发力同样出色。鸽子能以极快的速度迅速起飞，也能连续飞行数小时，而不用停下来休息。赛鸽就是人工培育专门用于飞行比赛的鸽子。赛鸽和野生鸽子很容易区分，因为赛鸽的腿上都戴着脚环，上面写着它的出生时间、饲主等信息。

拍打几下翅膀后，猫头鹰就能升空了。

无声的飞行

鸽子起飞时总是发出响声，而猫头鹰则不然。图中所示为一种名叫仓鸮的猫头鹰，它们的翅膀非常宽大，飞行的速度不算太快，但十分安静。它们悄无声息地从田野和树林上方飞过，靠敏锐的视觉和听觉搜寻下面的小动物。正因为它们的行动悄然无声，才能发起突袭抓住猎物，不给猎物事先察觉而逃跑的机会。

起飞时的猫头鹰会用爪子蹬地，让身体弹至低空，同时开始振翅。

安全着陆

安全着陆也是飞行技巧的一个重要组成部分，鸟儿必须在适当的时机减慢速度，以确保缓和而又平稳地降落在地面。刚离巢的幼鸟往往需要反复练习，才能掌握着陆的动作要领。就像小孩蹒跚学步一样，它们也要摔不少跟头才能真正学会飞行。

猫头鹰的翅膀非常宽大，这让它们即使飞得速度不快，也能在空中滑翔。

当猫头鹰发现老鼠等猎物时，就会降低飞行高度，此时翅膀就起到“刹车”的作用，以减慢速度，同时向下伸出双腿，做好捕捉猎物的准备。

腿伸出、爪子张开，准备好一把抓住猎物。

飞行方式

观察正在飞翔的鸟类时，不妨注意一下它们的飞行方式。不同种类的鸟，飞行的方式也有所不同。像野鸭这样体重较大的鸟类，需要不断地挥动翅膀，才能保证自己不会坠落。一些小型鸟类常常会拍打几下翅膀，然后锁定双翼，采用滑翔的方式前行一小段距离，这样可以节省体力。海鸥、鹰等鸟可以较长时间不拍打翅膀，完全借助风力在空中盘旋，这样既省力又有利于搜寻猎物。

滑翔

当海上的风遇到岸边的悬崖时，会形成上升气流，暴风鹱便借着气流在海面上滑翔。在离岸边不远处的海面上，暴风鹱能乘风滑行很长时间，中途完全不需要扇动翅膀，纯粹借助上升气流的力量。

振翅悬停

红隼善于悬停，它们能扇动着翅膀，让自己停在空中。这样便于时刻观察地面上的猎物，等待恰当的时机便出击抓捕，尤其是像野鼠这种机敏的小型啮齿动物。在草原或旷野上，你可能有机会看到红隼展示它们的悬停技巧。

展开尾巴能让身体保持平衡。

虽然绿头鸭看起来略显“富态”，但是宽大的翅膀和发达的飞行肌让它们照样能长途飞行。

绿头鸭生活在河流或湖泊附近，如果你在远离水源的地方见到它们飞过，那多半是它们正在迁徙的途中。

绿头鸭飞行时，脖子笔直地向前伸着，因为这样能减小飞行阻力。

排成队形

雁和鸭都属于雁形目，雁形目的鸟类大多具有季节性迁徙的习性。在长途飞行时，它们经常排列成“一”字或“人”字的队形。它们的体形往往比较大，飞行时需要不停地挥动翅膀。

画出飞行姿态

即使天上的飞鸟离你很远，看不清它们身上的细节，但是通过素描记录下它们的飞行姿态，也有助于你识别和判断这是什么鸟。你需要做的是，将鸟儿飞行时的形体轮廓勾勒出来，并把它们的飞行方向用箭头标示清楚。

特技飞行

猛禽是掠食性鸟类，为了寻找猎物，它们常常需要在很大的区域内来回盘旋；为了节省体力，它们会利用气流滑翔。很多小型鸟类就不必经常飞这么远，它们平时就躲在树丛或森林里，利用繁枝茂叶将自己遮挡住，避免被天敌发现。

翱翔

鹰和秃鹫常常在天空中翱翔，张开双翅而不扇动，就这样一圈又一圈地巡视着下方，它们利用的是热空气上升形成的气流。翱翔不仅可以节省宝贵的体能，还能更好地观察地面的情况，寻找捕猎的目标，可谓一举两得。

展开的尾部

它们在哪儿翱翔？

只要有上升气流，那些擅长翱翔的鸟儿就能施展它们的特长，无论是在山地、峡谷，还是在开阔的平原地带。

加州兀鹫堪称“高空滑翔机”，它们能长时间滑翔而不用拍打翅膀。

为了吸食花蜜，蜂鸟能在花朵前悬停甚至倒退飞行。花蜜是蜂鸟最主要的食物，蜂鸟细长的喙和独特的飞行技巧，正是为了适应这种食性。

倒退飞行

蜂鸟分布于南美洲，是唯一一类会侧着飞行和倒着飞行的鸟儿，也是悬停技巧最为出神入化的鸟儿。蜂鸟体形太小，无法站在枝条上从花朵中吸取花蜜，它们必须在花朵前悬停，才能够吸到花蜜。

俯冲

游隼主要捕食一些小型鸟儿。它们会在高空俯视四周，一旦发现目标便垂直俯冲而下，接近猎物时伸出爪子，猛击猎物或迅速将其一把抓住。

弹跳

蓝山雀和其他一些小型鸟儿一样，都会使用一种轻巧的弹跳式飞行技巧。它们会快速拍打几下翅膀，然后收起翅膀，靠惯性向前滑行一段距离，如此反复。这种间歇式飞行的方式也是在节省体能。

这种飞行方式非常轻巧。小鸟看起来仿佛被系在橡皮筋上一般，上上下下地弹跳不停。

在两轮振翅飞行之间，蓝山雀会合拢翅膀休息一会儿。

寻觅伴侣

鸟儿在生儿育女之前，首先需要找到配偶，也就是性成熟的异性同种个体。鸟儿吸引异性、追求异性的过程被称为求偶。在绝大多数鸟类中，都是雄鸟追求雌鸟，而雌鸟只接受优秀雄鸟的示爱。如果雌鸟青睐某只雄鸟的求偶表演，或者喜欢某只雄鸟身上艳丽的羽毛，就会同意与它结为伴侣，共同生育后代。

红气球

军舰鸟一生中的大部分时间都在海上翱翔，它们生活在热带、亚热带的海滨和岛屿上，通常白天会在外飞行一整天，夜晚才回到岸上休息。雄性军舰鸟会选定一个适合筑巢的地方，蹲守在那里，然后鼓起它们那特有的喉囊，以此吸引雌鸟的注意。

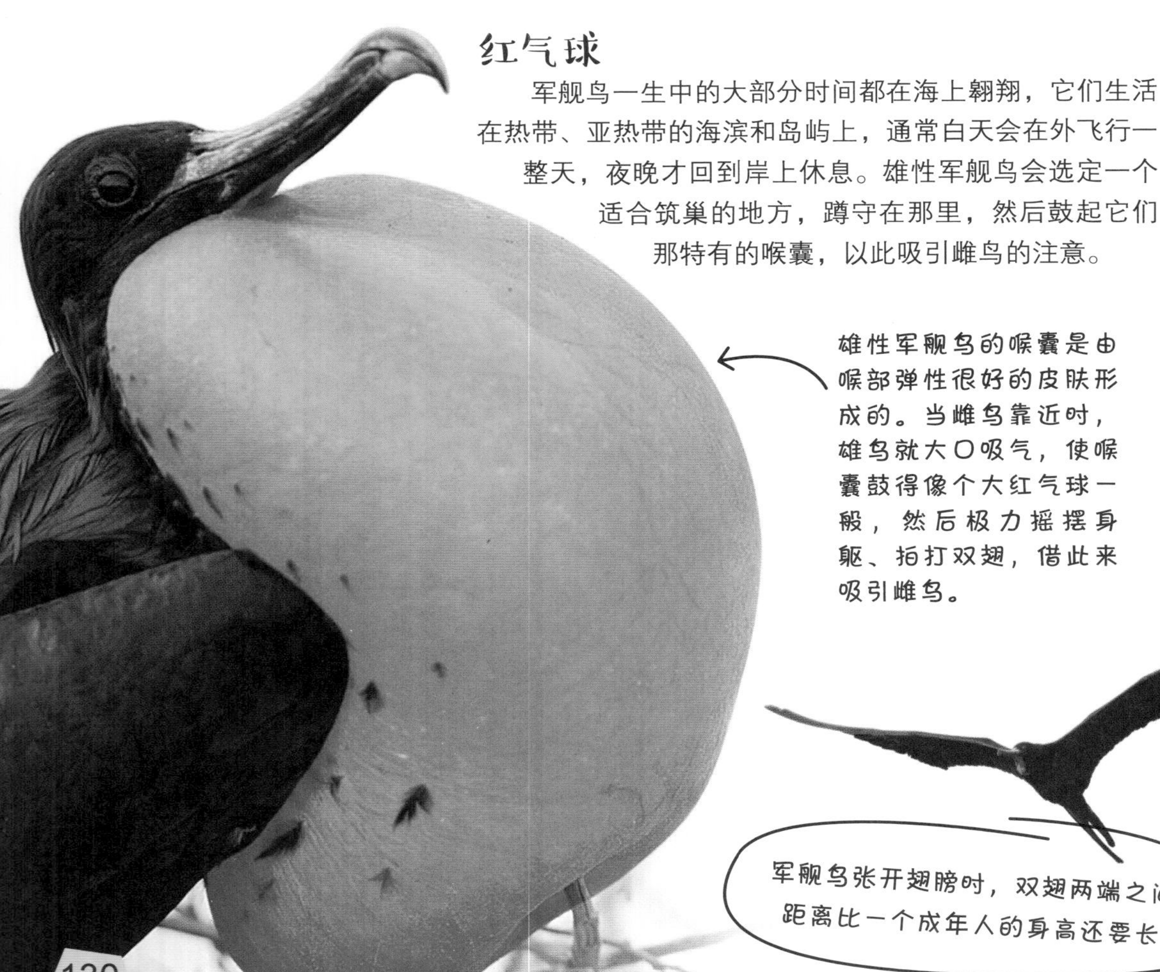

倒挂金钟

雄性蓝极乐鸟求偶时，会张开双翅炫耀自己美丽的羽毛，同时向前深深地弯腰，直到在树枝上呈倒挂的姿势。这种漂亮的鸟儿生活在巴布亚新几内亚的热带雨林中，很多其他种类的极乐鸟也有华丽的羽毛和炫目的求偶表演。

当雄性蓝极乐鸟用爪子抓紧树枝倒吊着时，宝蓝色的羽毛就像扇子一样展开，十分明艳醒目。

是敌是友？

这两只北极燕鸥在干什么？看起来似乎是为了争夺一条鱼而大打出手，其实并非如此。这是雄性北极燕鸥正在求偶，小鱼是它送给雌鸟的礼物。如果雌鸟同意了雄鸟的追求，它们就会一边高声叫着，一边结伴飞走。

鸟儿的结合

当这对北极燕鸥降落到岸上后，雌鸟就会接受雄鸟的礼物，这意味着雌鸟确定将与眼前的雄鸟结为伴侣。因为雄鸟的觅食能力对抚育后代极为重要，所以这是雌鸟对其重要的考核指标之一。除了北极燕鸥，还有一些其他的鸟类也是用食物来求偶的。

破壳而出

鸟类以卵生的方式繁殖，鸟蛋就像一个活生生的包裹，由硬壳包裹着新生命。刚被生出来时，鸟蛋里面是卵黄和卵清，以及将要发育为雏鸟的胚盘。然后就是孵蛋，也就是亲鸟让鸟蛋保持温暖，让胚胎在蛋壳内不断发育的过程。卵黄和卵清为胚胎提供营养物质和水，经过一段时间的孵化，雏鸟便可以破壳而出。

独一无二

海鸠的蛋壳上有斑点和线条，每枚鸟蛋上的图案都是独一无二的。因此，海鸠的爸爸和妈妈能够凭借不同的图案认出自家的宝贝来。

丛林巨蛋

鹤鸵是一种双翅退化、不会飞的鸟类，也是世界上体形第三大的鸟类，它们生活在澳大利亚和新几内亚岛等地的丛林里。雌性鹤鸵通常每窝产3～6枚蛋，每一枚蛋比成年人的拳头还要大。

蓝色的蛋

旅鸫（dōng）又叫北美知更鸟，雌鸟每次大约产下4枚蛋，蛋壳呈淡蓝色。

脚踏实地

杓鹬（sháo yù）喜欢把巢搭在离水域不远的地面上。它们的蛋壳上有灰褐色的斑点。蛋的颜色和周围环境很相似，所以不容易被发现。

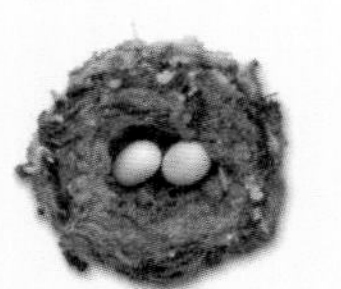

微型鸟蛋

蜂鸟的体形非常小，它们的巢和蛋也十分迷你。如小酒盅般大小的巢里，刚好能容纳两枚豌豆大小的蛋。

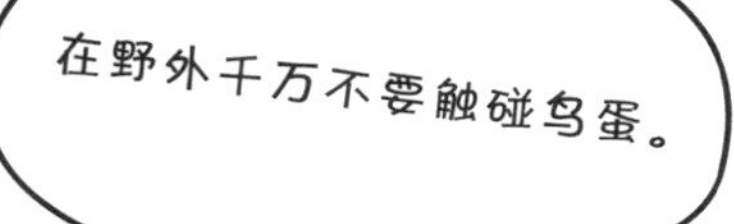

走进外面的世界

如果你用勺子敲击鸡蛋，很容易就能将蛋壳敲碎。然而，刚刚孵出来的雏鸟是如此孱弱，对它们而言，蛋壳太过坚硬。不过，每只雏鸟来到这个世界上，都需要从里面啄破蛋壳。雏鸟的上喙前端有一处硬化的小突起，叫作卵齿，是专门用来在蛋壳上弄出第一道裂口的。下面你可以看看小鸭子是怎样破壳而出来到这个世界的。

1.弄个裂口出来

小鸭子会用喙上的卵齿在蛋的大头一端，也就是气室附近，凿开一道裂口。然后用喙慢慢地把裂口弄成一个窟窿。做完这些，小鸭子就需要休息一会儿了。

2.转呀转

接下来，小鸭子会在蛋里反复敲击蛋壳。只要有裂口，敲碎蛋壳就容易多了。小鸭子一边敲一边转身，直到把蛋壳弄出一圈裂缝来。

3.把门推开

弄出一圈裂缝后，蛋壳就像有了一扇虚掩的门。小鸭子会使劲向前顶，尽可能伸直自己的脖子，把裂缝撑开。当裂缝变宽之后，小鸭子就会把一只翅膀从缝里伸出来。

4.一分为二

随着小鸭子不断地使劲向外拱，蛋壳就会一分为二，气室处的蛋壳与整体脱离开来。

5.突破重围

小鸭子推开大门，蠕动着爬出蛋壳，终于完全脱离了蛋壳的包围。这时，它身上的毛还湿漉漉地粘结在一起，让它看起来有点儿脏兮兮的。

6.晾干绒毛

2~3个小时之后，小鸭子身上的绒毛就会全部晾干，变得非常蓬松。小鸭子此刻还不会飞，但它已经能站起来，跌跌撞撞地到处走走看看。很快，它就可以下水游泳了。

出生第一天

小鸭子在孵出来的当天就能自己吃东西，但并不是每一种鸟类的雏鸟都能如此。很多雏鸟刚出壳时，连眼睛都睁不开，大部分皮肤也没有羽毛覆盖，更无法走动。生活不能自理的雏鸟，只能趴在巢里等亲鸟哺育。对于亲鸟而言，这是非常繁重的任务。蓝山雀就是这样的一种鸟。

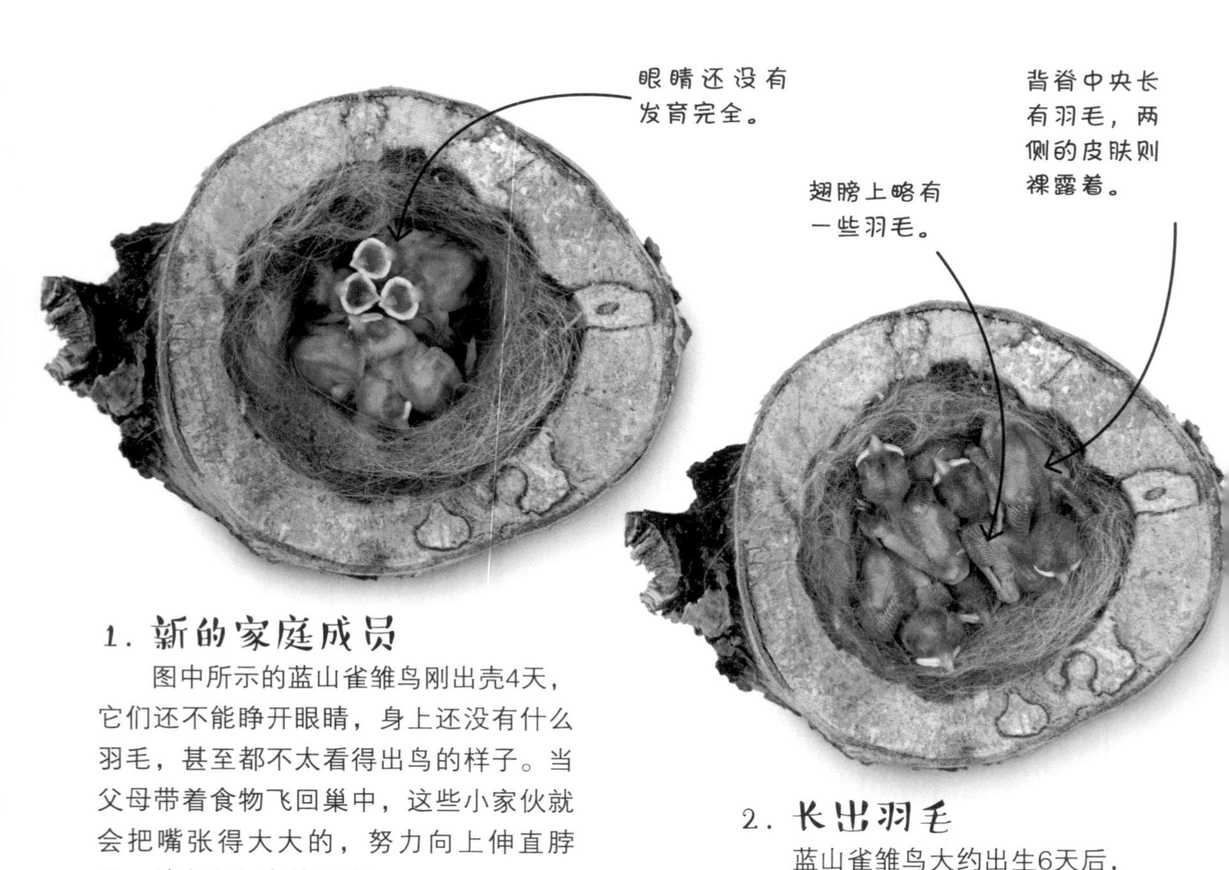

1. 新的家庭成员

图中所示的蓝山雀雏鸟刚出壳4天，它们还不能睁开眼睛，身上还没有什么羽毛，甚至都不太看得出鸟的样子。当父母带着食物飞回巢中，这些小家伙就会把嘴张得大大的，努力向上伸直脖子，并发出乞食的叫声。

2. 长出羽毛

蓝山雀雏鸟大约出生6天后，羽毛就开始渐渐地长出来。随着羽翼渐丰，它们也越长越大。

很多蓝山雀雏鸟的嘴内都有着醒目的颜色，甚至还有特殊的图案，这是为了让亲鸟更容易看到该往哪里投喂食物。

等到幼鸟长到能够离巢学飞的时候，有些幼鸟的体重已经比它们的父母还要重了。这时，幼鸟个头儿太大，小小的鸟巢已经很难继续容纳它们了。

终于能睁开眼睛了。

生长中的飞羽外面有一层角质羽鞘保护着。

眼睛完全睁开。

翅尖部位的羽毛从角质羽鞘中伸出来。

3. 狼吞虎咽

现在，蓝山雀雏鸟已经出生9天了。它们的体重在迅速增长，饭量也逐渐大涨，亲鸟不得不频繁地轮流喂食，差不多每隔一分钟，就会有一只亲鸟叼着虫子飞回来。

4. 长大成鸟

这一窝已经出生13天的蓝山雀雏鸟，外表终于有点儿像父母了。在接下来的一周内，它们就会陆续长齐羽毛。到那时，它们就会学习飞行，然后离开父母，独自生活。

离巢初飞

事实上，幼鸟天生就知道要怎样拍打翅膀使自己在空中前进。对于飞行这件事，它们并不需要从零学起。不过，它们需要通过反复练习，才能掌握很多飞行技巧，如怎样在空中转弯、如何平稳着陆等。

一只苍头燕雀幼鸟正在尝试进行第一次飞行。

它的飞羽还没有完全长好。

跟着父母

刚开始学飞时，在练习的间隙，苍头燕雀幼鸟会躲在鸟巢附近的枝叶间，乖乖地等着父母带食物回来，以免自己被天敌发现。几天之后，它们就能飞得很好了，当父母外出觅食时，它们就跟在旁边。而且，亲鸟也不必再一趟一趟地带着食物飞回鸟巢，既节约时间，又节省体力。

勇敢的宝宝

短翅小海雀在北冰洋周围的岛屿和岩岸上繁殖，它们把巢筑在高高的崖壁上，以免北极狐偷吃鸟蛋或雏鸟。当短翅小海雀宝宝长到该离巢的时候，它们就得飞到海上去学习捕鱼。困难的是，短翅小海雀宝宝第一次飞，就必须成功抵达海面，否则它们会重重地摔在岩石上。

高空坠物

鸳鸯在紧邻水边的树洞里筑巢，它们通常选择高出水面10米以上的树洞，这样狐狸等动物就没办法偷鸟蛋了。小鸳鸯和小鸭子一样，刚出生身上就长满绒毛，也可以睁开眼睛并能自己吃东西。通常在出壳第二天，小鸳鸯就会从树洞里爬出来，勇敢地往下跳。鸳鸯妈妈会在树洞下面等着，等洞里所有的小鸳鸯都跳下来后，就会带着它们去游泳、觅食。

着陆之前，苍头燕雀幼鸟会调整翅膀来减慢速度，然后伸出双爪减缓落地瞬间的冲击力。只要不断练习，它们的着陆技巧就会变得越来越熟练。

小鸳鸯在跳下的过程中，会张开小翅膀，扑腾着小腿，减慢下落的速度。虽然是从十几米高的地方跳下来，但它们并不会受伤。

优秀父母

大多数父母都会在宝宝出生之后忙得不可开交，鸟类也不例外。刚出壳的雏鸟往往都很孱（chán）弱，无法照顾自己，因此亲鸟既要外出觅食来哺育雏鸟，又要帮助雏鸟清理身体，还要时刻提防企图捕食雏鸟的天敌，甚至要抵御那些想抢占自家鸟巢的进犯者。很多时候，亲鸟还要用自己的身体为雏鸟遮风挡雨，为它们提供温暖和庇护，让弱小的雏鸟能健康幸福地成长。

模仿你的蛋

杜鹃是著名的巢寄生鸟类，它们不亲自筑巢、孵蛋、育雏，而是把蛋下在其他鸟的巢里。杜鹃的蛋孵化时间短，而且雏鸟生长迅速。大多数情况下，杜鹃雏鸟出壳后就会把寄主的蛋或雏鸟推挤出巢。寄主的体形往往比杜鹃小，于是杜鹃雏鸟很快就长得比“养父母”还要大，但“养父母”仍然会继续喂养它们。

企鹅托儿所

帝企鹅宝宝生命中的前三个月都是在冰面上度过的。帝企鹅是群居性的鸟类，成年帝企鹅会组建“托儿所”，一部分父母留在岸上，看护群体里所有的雏鸟，其余的父母则下海觅食，并将食物带回来给雏鸟。帝企鹅父母尽职尽责，轮流承担照顾孩子们的重任。

帝企鹅宝宝的绒毛不能防水，亲鸟要照顾幼鸟直到它们换羽，然后小企鹅就能跟着父母一起下海了。

帝企鹅宝宝身上的绒毛又密又厚，但南极实在是太冷了，它们还是常常挤在爸爸的肚皮下面取暖。

天鹅船

属于鸭科的天鹅，会在河岸上筑巢下蛋。雏鸟孵出来不久就能走会游，也可以自己吃东西。天鹅父母每天都带着雏鸟去安全的水域进食，还会体贴地让雏鸟爬上自己的背。在保护雏鸟时，看起来高贵优雅的天鹅父母会瞬间变身成勇猛的超级战士，它们会驱逐一切接近雏鸟的动物，包括人类在内。所以，如果你看到带着雏鸟的天鹅父母，千万不要离得太近。

天鹅雏鸟很喜欢坐在父母的背上，大大的翅膀微微竖起，那里既温暖又安全。

袋装鱼肉

鹈鹕（tí hú）父母会把捕到的鱼装在自己大大的喉囊里面带回巢，雏鸟则把头伸进父母的嘴里，从喉囊中取食。鹈鹕父母在湖边或海边飞来飞去，它们发现小鱼后就一头扎进水中将其抓住，要是有鱼群游过，更是可以用大嘴“打包”许多猎物。因为拥有喉囊，所以鹈鹕父母可以带很多食物回家，让嗷嗷待哺的小鹈鹕一次吃个饱。

肢体语言

银鸥在海岸的悬崖上筑巢育雏，饥肠辘辘的银鸥雏鸟，会去啄父母喙上的红点，通过这个动作来告诉父母自己好饿。银鸥父母读懂孩子的肢体语言后，就会出去找东西回来给孩子吃。

银鸥雏鸟的羽毛颜色跟父母并不一样，实际上这是一种保护色，为了让雏鸟和周围环境颜色相似，以免被其他动物捕食。

杯状鸟巢

大多数鸟类都会筑巢，它们在鸟巢里产蛋并养育后代。然而，也有一些鸟类只孵卵而不筑巢，如帝企鹅；还有一些鸟类既不筑巢也不孵卵，如杜鹃。鸟巢可以使鸟蛋聚集在一起，不会到处乱滚，也可以让雏鸟出壳后有温暖的庇护所。鸟巢的形状多种多样，如碗状、杯状、球状、袋状等，很多在树上筑巢的鸟类都会搭建杯状的鸟巢。

繁重的工作

筑巢并不是一件轻松的工作，苍头燕雀妈妈必须来来回回飞上数百次，才能获得足够量的巢材，为孩子们筑建一个温暖的家。它们还会在巢的外面加上一层地衣和蜘蛛丝作为伪装，让巢不容易被天敌发现。

苍头燕雀的巢

虽然繁殖期的苍头燕雀是夫妻结伴生活的，但筑巢的工作完全由雌鸟完成。苍头燕雀妈妈会选择在距地面数米高的灌木丛或乔木的分枝处，用草叶、苔藓和细草根等材料搭建一个窝，然后在里面铺上羽毛或兽毛来保暖。

当巢接近完工时，为了修建出漂亮的杯状巢，苍头燕雀妈妈会在巢内连续转圈，并用胸口推挤铺好的材料，把巢弄得更结实、更舒适。

硬板床

苍头燕雀宝宝睡“羽绒床垫”，而欧歌鸫的雏鸟则睡“硬板床”。欧歌鸫妈妈也在灌木或乔木上修筑杯状鸟巢，但它们在用草叶、细草根、兽毛等材料搭好“毛坯房”之后，会用湿泥巴在巢里铺上一层内衬，并且把泥巴弄得十分光滑平整。

泥巴收集者

雌性欧歌鸫会收集草叶、细根、枯树叶、小树枝等作为巢材，还会到泥潭里叼取湿泥，来铺设巢的内衬。我们常说“衔泥燕”，就是因为家燕的巢材主要是湿泥。

巢材

鸟儿们会用各种各样的材料来筑巢，除了最常见的植物茎叶外，羊毛、蜘蛛丝、人类的头发、猫狗的毛、包装礼品的缎带等，都有可能被鸟儿叼走，成为鸟巢的一部分。

不规则鸟巢

并不是所有鸟巢都是人们常见的杯状鸟巢。有些鸟类随便在地上刨个坑就算是巢，还有些鸟类则使用与众不同的巢材，例如，金丝燕用自己的唾液来筑巢。眼斑冢雉（zhǒng zhì）用沙土和树叶堆成巨大的土堆，然后把蛋埋在里面，利用树叶腐烂发酵所产生的热量来孵蛋。

雏鸟就住在这个鼓起的部分。

鸟巢的入口

织巢鸟

织巢鸟指的是那些会使用草或其他材料编织复杂巢穴的鸟类，织巢鸟共有上百种不同的种类。织巢鸟编出来的巢虽然看起来笨重，但实际上轻盈通风、结实强韧，还能防雨。长而弯曲的入口可以防止蛇等捕食者入侵，让巢里的蛋或雏鸟能安全地长大。

编织家园

黑头织巢鸟喜欢结群生活，常和其他种类的织巢鸟混群。它们的巢由雄鸟负责编织，鸟爸爸首先用草茎在树枝上系个结，在此基础上织一个挂在树上的圆环，然后不断衔来草叶，在环上穿插编织。就像人类织毛衣一样，一点一点地编织，最终编出一个精美的鸟巢。

脏活累活

美洲燕在山崖上筑巢。和家燕、金腰燕等亲戚一样，美洲燕的巢穴也是用泥土搭建而成的。如果羽毛被糊上泥水将会影响飞行，所以美洲燕在取泥土时，总是全程把翅膀和尾巴高高地翘起。

芦苇窝

苇莺在芦苇丛中筑巢。它们选定几株芦苇茎作为巢址，用芦苇叶、芦苇花、羽毛等编织成一个深杯状的巢，将巢固定在芦苇茎的中部，悬在水面上方。茂密的芦苇丛遮挡了苇莺的巢，让天敌难以发现。杜鹃会在苇莺的巢中下蛋。

攀雀的巢极为柔软轻巧，以前在东欧的一些地区，人们曾用攀雀的巢给小孩子当居家鞋穿。

攀雀的巢

欧亚攀雀通常在桦树或柳树上筑巢，巢的形状很像靴子。欧亚攀雀筑巢的第一步和织巢鸟有些类似，也是由雄鸟先编一个悬挂在树枝上的环作为基础，然后雌鸟和雄鸟一起完成后续的工作，它们用羊毛、柳絮、蜘蛛丝等材料反复缠绕，共同筑建一个悬挂的巢。

梳妆打扮

鸟类需要时刻让羽毛保持完美的状态，如果羽毛变脏变乱，除了影响保暖外，更严重的是会影响飞行。因此，鸟类总是经常清洁、梳理自己的羽毛。它们会在水池或水塘里洗澡，或用沙子洗沙浴，洗完之后再用喙仔仔细细地把羽毛梳顺。鸟类用喙梳理羽毛的行为被称为整羽，有一些鸟类还会通过互相整羽来表达亲密之情。

整羽时刻

左图中的紫翅椋鸟正在用喙把凌乱的羽毛梳理整齐，只有整齐的羽毛才会让表面看起来顺滑光亮。梳好羽毛之后，它还会把尾脂腺分泌的油脂均匀地涂抹在羽毛上。尾脂腺是鸟类尾巴根部靠近背脊位置的一处腺体，油性的分泌物能让羽毛变得既光润又防水。

羽小支没有钩在一起时的凌乱羽毛。

羽小支钩好的整齐羽毛。

拉上拉链

每根飞羽和尾羽的中央都有一根羽轴，羽轴两侧斜生出许多平行的羽支，每根羽支两侧又分出排列整齐的羽小支，其中外侧的羽小支尖端有小钩，能钩住相邻的羽小支，让整根羽毛连成一片，这种结构就像衣服上的拉链一样。

溅起水花

有时你能看到一只鸟儿在水里快速地抖动身体、扇动翅膀，弄得水花四溅，其实这是它梳洗的第一步。鸟儿洗澡时会先抖松浑身的羽毛，然后把身体浸入水中，扑扇着翅膀让水清洗到每一根羽毛。

一只黍鹀（shǔ wú）正在洗澡，而它还要时刻保持警觉。

给鸟做浴盆

一个桶盖或花盆的托盘，再加几块砖头，就可以为鸟儿做一个简易的浴盆了。浴盆应该稍微带点儿坡度，这样可以让鸟儿沿着斜坡，从浅的一侧入水、出水，而且盆底要弄得粗糙一点儿，以免鸟儿滑倒。

1.在开阔的平整地面上，将三块砖头摆拼成三角形。将桶盖（或花盆的托盘）的凹面朝上，放在砖头上。在桶盖里铺上一层干净的小石子和几块较大的卵石，然后把清水倒进去。

2.要经常往里面添水，保持浴盆里的水足够多。还要定期换水，让浴盆里的水一直保持干净。如果冬天气温过低，可以把水倒掉，等天气暖和时再添水。

3.需要注意的是，鸟儿的浴盆应该放在远离树木、灌木丛、草丛、房屋等便于猫藏匿伏击的地方，以免猫趁鸟儿洗澡、饮水时发动突袭。在有人类居住的地方，猫是鸟儿的头号敌人，即使不饿，它们也会捕鸟作乐。

饮食习惯

不同鸟类的食性各不相同，觅食的方式也千差万别。雨燕会一边在空中穿梭，一边张开大嘴把小飞虫吃进肚里；椋鸟常用喙翻开泥土寻找藏在地下的虫子；苍鹭总是用它长长的喙扎到水里，又快又准地将鱼叼住；而梅花雀能用短厚而尖利的喙弄开种子的外壳。

蜗牛终结者

在有欧歌鸫分布的地方，就常常会有被砸碎的蜗牛壳，旁边很可能还有被遗弃的杀害蜗牛的“凶器”——石块。蜗牛是欧歌鸫重要的食物来源。欧歌鸫会先用石头敲碎蜗牛的壳，然后吃掉里面的肉。蚯蚓、蛞蝓等没有外壳的食物也颇受欧歌鸫的青睐。

漂浮的黑伞

黑鹭有一套特殊的捕鱼招式。它们会静静地站在水中，把翅膀张开，向前围拢成一个圆圈，就像在水面上撑开的一把伞。黑鹭把头蜷缩在“伞”下面，耐心地等待猎物出现。小鱼喜欢躲在有树荫的地方，黑鹭的“伞”就是一个陷阱，小鱼常常会自投罗网。

杂耍演员

山雀堪称鸟界的杂耍演员。它们的身体非常灵活，平衡感也极佳。即使是吃东西的时候，它们也能摆出不同寻常的姿势。山雀能头下脚上地倒挂在树枝上找虫子吃，或倒吊在人类设立的喂鸟器上，享受免费的午餐。

制作喂鸟器

一个吊钟形的喂鸟器可以为山雀等小鸟提供食物。这样的喂鸟器比较安全，前来就餐的小鸟不容易被猫捕杀。要做一个这样的喂鸟器，你需要准备的材料有：一个干净的酸奶盒，一段结实的细绳子，一些鸟食（五谷杂粮、坚果、葡萄干、面包屑等），一些动物油，一个小碗，一把勺子。

1.在酸奶盒的底部钻一个小孔，将绳子从小孔中穿过去，两端各系一个绳结或绑上一截小木棍用于固定。

2.把动物油放在锅里加热熔化，然后把液态的油和准备好的鸟食一起放进碗里，搅拌均匀。

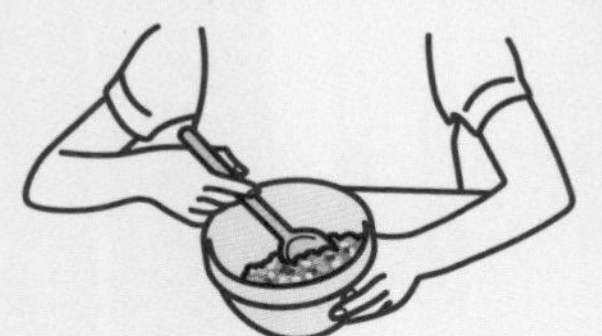

3.用勺子把混合了动物油的鸟食填进酸奶盒，然后把酸奶盒放进冰箱的冷藏室让动物油凝固。这样鸟食就不会洒出来。

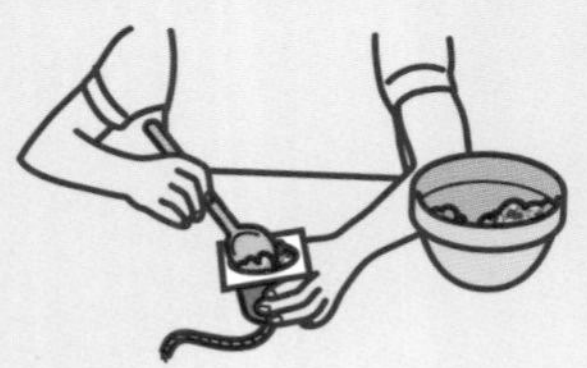

4.到花园或小树林里，把绳子的另一头系在树枝上，不要离树干太近。然后躲到一旁，等待鸟儿们前来享用你亲自制作的美食吧！

凿开果壳

五子雀是主要以昆虫和坚果为食的杂食性鸟类。当它们弄不开橡子或榛子这样壳既厚又硬的坚果时，就会把坚果塞进树干的裂缝里固定好，然后用尖利的喙反复敲击外壳，直到啄裂硬壳，吃到里面的果仁。树干中那些有不规则裂口或裂成两半的坚果壳，很可能就是五子雀吃剩下的。

交错的喙

交嘴雀的喙长得非常奇特，上下喙不像其他鸟类那样合在一起，而是交叉着。这是因为交嘴雀生活在针叶林中，用交错的喙来嗑松子，可以事半功倍。绝大多数鸟类的雏鸟都是肉食性的，交嘴雀宝宝也不例外。亲鸟用交错的喙扒开树皮，叼取树干里的虫子来喂食雏鸟。

食肉鸟类

世界上肉食性的鸟类有很多种，大到能吃羊的金雕，小到吃虫的戴胜、伯劳。那些通常用猛扑的方式捕猎、长着金钩般利爪的鸟类，被统称为猛禽，包括鹰、隼和猫头鹰等鸟类。日行性的猛禽通常在高空盘旋着寻觅猎物，如果我们想观赏它们，就需要抬头仰望天空。

高空捕鱼

白头海雕外表看起来庄严肃穆，它们栖息在海岸、湖泊、河流附近，以大马哈鱼、鳟鱼等大型鱼类和一些水鸟为食。白头海雕捕鱼时，会在空中锁定目标，然后掠过水面，用爪子紧紧擒住猎物。人们常常能拍摄到它们抓着一条大鱼飞回栖息地的画面。

白头海雕能用它们锐利且带有弯钩的喙，将捕捉到的猎物撕成碎块吞进肚里。

屠夫鸟

除了猛禽之外的肉食性鸟类，大多是用喙而不是用爪来捕猎。伯劳虽然不是猛禽，却也性情凶猛。它们捕食昆虫、蜥蜴、鼠和其他小鸟。伯劳会将捕获的猎物挂在植物的棘刺上，然后撕开吃掉，就像屠夫把肉挂在钩子上一样，所以伯劳也被称为“屠夫鸟”。

空军巡逻

秃鹫常在高空来回盘旋，寻找地面上的食物，它们主要以哺乳动物的尸体为食。有时秃鹫也会成群活动，一旦有一只秃鹫发现食物并飞下去享用的话，其他的秃鹫就会迅速跟上。

精确定位

红隼是一种会盘旋滑翔的猛禽，主要吃鼠、蛙、蜥蜴等小型动物。它们在高空中看到猎物后，能在几秒钟内根据猎物的速度精准地判断它的具体位置，然后猛地俯冲下去，用爪子将猎物逮住。

绝大多数秃鹫的头部是光秃秃的，因为进食时血容易弄脏羽毛，所以它们的头部只有很短的黑褐色绒毛。而王鹫则有些不一样，它们的头部不只是黑褐色，还有着非常鲜艳醒目的颜色。

清道夫

很多人并不喜欢秃鹫，但它们却是自然界不可缺少的成员。秃鹫主要以大型动物的尸体为食，它们是大自然的清道夫。秃鹫进食时，会先撕开坚韧的兽皮，在尸体上啄个窟窿，然后把头探进去，吃里面的腐肉。

暗夜杀手

大多数鸟类是日行性动物，每当日落西山之后，它们就会找一处隐蔽的地方，伏下身子休息。但猫头鹰则恰恰相反，它们白天几乎都在呼呼大睡，直到天快黑了才醒来，趁着夜色出来觅食。猫头鹰凭借过人的夜视能力和超凡的听力，可以在夜间轻而易举地捕到猎物。

有些猫头鹰头顶两侧各有一簇羽毛，看起来很像耳朵，因此被称为耳羽。而猫头鹰真正的耳朵，在耳羽的下方、脸的两侧。

猫头鹰的两只眼睛都朝向前方，左右眼的视野有很多重叠，这样就能准确判断物体离自己有多远。很多猛禽和猛兽都具有双眼视野，我们人类也是如此。

静止如雕塑

长耳鸮因为耳羽很长而得名，它们白天总是一动不动地站在树枝上睡觉。人们很难发现它们，因为它们的伪装技术非常高超，带有黑斑的灰褐色羽毛，让它们看起来和树干几乎一模一样。

仓鸮

世界上很多国家和地区都分布着仓鸮。仓鸮的头又大又圆，还有很明显的面盘，因此它们又被叫作猴面鹰。面盘就像雷达的凹面接收器一样，能帮助仓鸮更好地接收声音，避免双耳互相干扰。仓鸮的耳孔藏在浓密的羽毛下，左右耳一高一低，这样可以根据声音传到两耳的时间差来定位猎物。

仓鸮用爪子捕捉猎物，然后把抓来的猎物放到嘴里叼走。它们吃东西的时候经常不撕开猎物，而是囫囵吞下。

猫头鹰仅凭朦胧的月光，甚至微弱的星光，就能看到地面上的猎物。

菜单上有什么？

由于经常把鼠类等小型猎物囫囵吞下，猫头鹰的肚子里会有无法消化的动物骨头和毛，因此它们需要吐食丸，也就是把这些难以消化的东西整团整团地吐出来。你可以将食丸用水浸透，然后拿镊子轻轻拨散，通过观察食丸就能推测出猫头鹰吃了些什么。在大树周围的地面上仔细找找，或许就能发现猫头鹰吐出的食丸。

领地意识

很多鸟类都有领地意识。每只鸟的领地或大或小，捍卫自己的领土是鸟类生活中非常重要的一项内容。它们会巡视自己的地盘，驱逐擅自闯入的冒失鬼。领地也是雄鸟求偶的资本，领地的大小和领地内食物资源的丰富程度，可以体现这只雄鸟的实力。毕竟优越的筑巢位置和充足的食物，能切实提高后代的存活率。

这是我的花园

欧亚鸲是一种不怕人的小鸟，它们常把人类的花园视作自己的领土。先“占园为王”的雄性欧亚鸲，发现有后来的家伙想要在自己的领地内觅食、求偶，就会大声警告对方。如果后来者一意孤行，那么一场争斗就在所难免了。

鸟鸣

对人类而言，鸟类的鸣叫就像悦耳的音乐；但对鸟类来说，鸣叫是它们彼此沟通的最主要的方式。不同的鸣声就构成了鸟类的语言，鸟类常用鸣叫的方式来宣示对领地的占有权。

东蓝鸲（qú）的叫声很动听，它们总是站在高高的枝头鸣叫，这样声音就能传得更远。

听一听，学一学。

不同种类的鸟都有自己独特的叫声，从音色到音调都独一无二。观鸟时，因为经常是先闻其声，后见其形，所以很多观鸟者仅凭叫声就能分辨出鸟的种类。试着用手机录下不同鸟类的叫声，然后上网查阅资料来鉴定一下这是什么鸟。

雌鸟会和它心目中表演最出色的那只雄鸟结为伴侣。

每只雄鸟各占据一根树枝，这根树枝就是它们暂时的领地。它们竖起羽冠，拍打翅膀，并且大声地鸣叫。

森林大舞台

安第斯动冠伞鸟是一种分布于南美洲森林的鸟，雄鸟体色非常绚丽，还长有大大的碟形羽冠。每到繁殖季节，雄鸟就会把一棵大树作为求偶场地，聚集在那里开始表演。它们还经常“两两比拼”，每两只雄鸟为一组，进行面对面的较量。

保持距离

鲣（jiān）鸟是一类大型海鸟，它们常在岩岸上聚成大群生活。虽然与邻居们住得很近，但鲣鸟仍然有领地意识。每个巢穴周围的那一小片土地，就是各自的私人领地，范围大概就是一只鸟趴在窝里能触碰到的区域。

岩岸上布满成双成对的鲣鸟，每个小家庭与邻居之间保持“一颈距离”，互相碰不到就行。

候鸟迁徙

你有没有注意过，到了冬天，一些鸟类就消失得无影无踪了。你有没有想过它们去哪儿了？很多鸟类都有两个家，它们冬天待在更靠近赤道或海边的温暖地区，这是它们的避寒地或越冬地。到了春天则飞回食物丰富、可以繁衍后代的地方，那是它们的繁殖地。鸟类这样在两地间来回迁飞的行为被称为迁徙。

雪雁的旅途

雪雁的繁殖地在北极圈的苔原冻土地带，它们最远可以迁徙至墨西哥湾一带越冬，这个旅程长达3,200千米。世界上迁徙距离最长的鸟类是北极燕鸥，它们在南极洲和北冰洋之间来回迁徙，过完南极的夏天便飞往北极，抵达北极时也正好进入当地的夏季。北极燕鸥每年往返飞行的距离可长达70,000千米。

大雁在长途飞行时，队伍往往会排列成“人”字形。因为飞在前面的大雁扇动翅膀所带动的气流可以帮助后面的大雁节省体力，从而提高整个队伍的持续飞行能力。

数数这些鸟

鸟儿总是成群结队地一起迁徙。当它们从头顶飞过时，要想数清楚这个鸟群里究竟有多少只鸟，可不是一件容易的事情。这里有一个好办法，可以帮助你大致弄清楚鸟的数量。伸出你的胳膊，用大拇指和食指围成一个圈，然后快速数一下圈里有几只鸟。再简单估算一下，鸟群覆盖的面积能有几个圈那么大。两个数字相乘得出的结果，大概就是这群鸟的数量。

夏天的使者

欧洲有句谚语叫“一燕不成夏”，意思就是有的燕子来得早，但这并不意味着夏天就已经来了，我们不应该过早做出判断。不过大多数情况下，家燕回归确实意味着温暖的季节即将来临。家燕每年春夏飞回繁殖地，等到秋天气温逐渐降低，幼鸟也羽翼渐丰，便可以一同飞去避寒地。来年春夏，家燕会再次回到繁殖地生活。

雁在旅途

白颊黑雁迁徙时的鸟群极为庞大，队伍成员可多达数千只。在漫长的旅程中，它们会选择中途的湖泊作为落脚点，停下来稍作休息，顺便补充一些能量。如果你恰好在这样的湖泊附近居住，就有可能听到雁群的叫声。白颊黑雁可以凭借太阳、星星的方位来辨别方向，即使路途遥远也不会迷路。

海洋鸟类

很多海洋鸟类都在海边的悬崖上筑巢，因为那里相对比较安全，狐狸等动物很难接近。不同鸟类对在悬崖上筑巢的位置选择也有不同的偏好。例如，海鹦喜欢悬崖顶端长着草皮的斜坡，鲣鸟则乐于接受较低处的裸露岩石。很多海鸟在寒冷的季节不会回到岸上，而是连续几个月都在海上生活，就连睡觉也漂浮在海面上，直到天气变暖才会回到岸上繁衍后代。

跳水运动员

鲣鸟喜欢捕食鲭鱼、鲱鱼等成群活动的鱼类，它们从高空俯冲入水，并能在水中游泳追逐猎物。鲣鸟并没有外鼻孔，呼吸道的开口在嘴里，这样就不会被水呛到。此外，在它们的皮下还有一些气囊，可以缓冲入水时产生的巨大冲击力，从而保护体内的器官。

繁殖季节时的鲣鸟总是集结成大群，最多时可能有50,000对鲣鸟在同一片区域筑巢。

鲣鸟捕鱼时常常头部朝下冲入水中，在即将接触水面之时，它们会迅速收起翅膀。

悬崖上的小丑

海鹦非常容易辨认，因为它们有颜色鲜艳的喙，还有一双橙色的大脚，白白的脸蛋儿上嵌着两只小眼睛，看起来就像滑稽的小丑。海鹦会在悬崖顶端的土层处挖掘穴道，并在里面下蛋、孵化，它们会将捕到的小鱼带回来给雏鸟吃。

短小的翅膀

海鹦可以一次性叼捕很多条鱼。

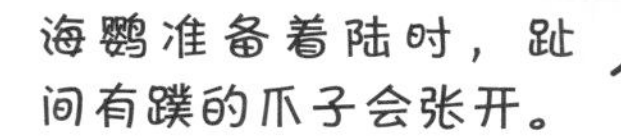
海鹦准备着陆时，趾间有蹼的爪子会张开。

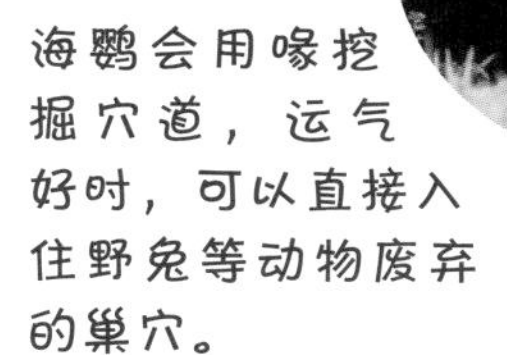
海鹦会用喙挖掘穴道，运气好时，可以直接入住野兔等动物废弃的巢穴。

在危险的边缘

海鸠是少数几种不筑巢的鸟类之一，它们在悬崖上随便找一块凸出来的石头，直接把蛋生在上面。亲鸟会用脚搂住蛋，以防蛋滚落悬崖。海鸠也聚群繁殖，鸟群让悬崖上喧嚣嘈杂。

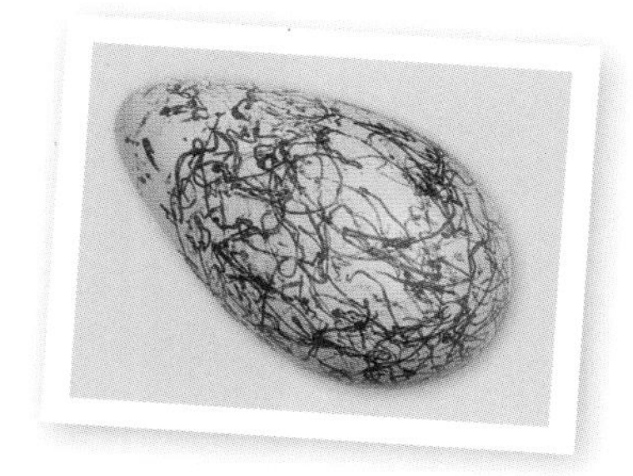
海鸠蛋的形状很像梨，一头儿尖尖的。因此，即使蛋会滚动，也只是在原地转圈，而不至于滚落悬崖。

海滨鸟类

海边是度假的好地方，在这里无论是游泳冲浪，还是晒日光浴，都很适合人们放松休息。但如果你想观察在海滩觅食的鸟类，泥滩是比沙滩更好的选择，厚厚的淤泥里藏有螺、蠕虫、甲壳类等小动物。各种鸟类聚集在这里，因为这里有它们酷爱的美食。这些鸟类被称为涉禽，与善于游泳的水禽不同，涉禽有着长长的腿和喙，非常适合涉水行走，探寻淤泥里的食物。

上翘的喙

即使你是一名刚入门的观鸟者，也能辨认出反嘴鹬来，因为它们向上弯曲的喙，实在是太有特点了。反嘴鹬的腿很长，翅膀尖端和肩膀上的羽毛都是黑色的，背脊上也有两道黑色宽条纹。觅食和活动时，反嘴鹬喜欢单独或成对行动，栖息时却总是结成大群。

反嘴鹬觅食时，它们的喙微微张开，并且不停地左右扫动。一旦感觉到猎物，就迅速将猎物夹进嘴里。

虽然反嘴鹬会游泳，趾间也有蹼，但它们更喜欢在浅水处或淤泥中走来走去，低头寻找食物。它们的腿非常长，飞行时只能向后伸着。

泥浆中的盛宴

斑尾塍鹬主要以螺类和贝类为食。它们长长的喙探入泥浆深处，可以像镊子一样开开合合，搜寻藏在泥浆里的食物。

翻开石头看看

翻石鹬主要以虾、蟹等小动物为食，它们有时会聚集成群在海边行走，用嘴翻开海草或小圆石，寻找隐藏在下面的食物。在繁殖季节，翻石鹬的体色会变得鲜明醒目，到了冬天则会变成黯淡的深褐色。

强有力的橘黄色长喙

凿开贝壳

吃过海螺、扇贝的人都知道，这些动物的壳非常坚硬，有时需要借助工具才能打开。然而，对蛎鹬来说，这却是小菜一碟。蛎鹬长着强有力的长喙，锋利的前端能轻松地凿开贝壳，吃到藏在里面的肉。除了软体动物外，蛎鹬也常吃甲壳类、蠕虫等动物。

什么都吃

很多鸟类的食性比较窄，只吃固定的几种食物。但海鸥却从不挑食，它们几乎什么都吃。除了常规的鱼、虾、蟹、贝等动物外，海鸥还吃死鱼、其他鸟类的雏鸟、蚯蚓、人类的残羹剩饭，甚至还会直接从人的手里抢夺食物。总之，只要是看起来可以吃的东西，海鸥几乎都会吃。

银鸥的喙除了能把食物撕成小块方便吞咽外，还能在争抢食物的混战中猛啄对手。

淡水鸟类

池塘、小溪、河流和湖泊里，也生长着各种各样的植物和小动物。小鱼、昆虫的幼虫、河虾和水草等，都是淡水鸟类的主要食物。以鹭为代表的这类水鸟，会用它们的大长腿在水中走来走去。大名鼎鼎的翠鸟，则喜欢站在高处眺望，一旦瞄准鱼后，就猛地扎入水中捕捉猎物。

漂亮的雄性

绿头鸭在池塘、湖泊和溪流等地都很常见。雄性绿头鸭的外表非常漂亮，头部闪耀着绿色的光泽，脖子带有白色的领环，尾羽是向上卷曲的。相比之下，雌性绿头鸭则相貌平平，全身长着棕黄色的羽毛并且夹杂着黑褐色的细纹。

翘起尾巴

绿头鸭是杂食性动物，它们既能把头扎进水里，高高地翘起尾巴，捕捉水中的鱼儿，也能用扁平的喙啄食水面上或地面上的食物。

突然袭击

桥上是一个观察翠鸟捕鱼的好地方，你能看到翠鸟从岸边像标枪一样射入水中，这一套动作堪称快、准、狠。它们扎入水中后，还能保持极佳的视力。翠鸟会把捉到的鱼摔打至晕眩，然后将鱼头对准自己的喉咙，一口就吞入肚中。

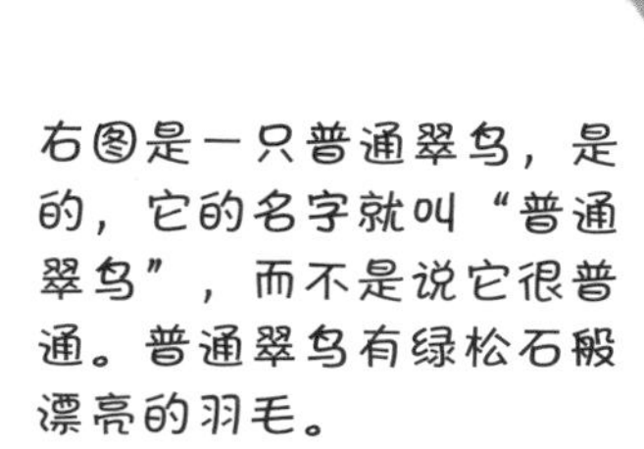

右图是一只普通翠鸟，是的，它的名字就叫“普通翠鸟”，而不是说它很普通。普通翠鸟有绿松石般漂亮的羽毛。

翠鸟在河边的土坡上挖洞筑巢，它们用粗壮的喙凿碎干硬的泥土，然后用爪子把土块刨出来。

翠鸟总是一动不动地注视着水面，一旦找准目标，就极为迅猛地一头扎入水中。

自带两把勺子

琵鹭的喙部前端又宽又扁，就像两把叠在一起的勺子。它们主要以虾、蟹、鱼、水生昆虫等动物为食。琵鹭常常成群结队地在浅水中觅食，一边慢慢行走，一边将喙微微张开，然后把喙伸入水中左右来回摆动，一旦碰到猎物，就立刻把喙合拢，将其捉住。

大部分琵鹭的羽毛呈白色，少数呈粉红色。粉红色来自食物中的天然色素。

丛林鸟类

世界各地的森林里居住着成百上千种不同的鸟类，森林里的树木为它们提供天然的庇护所。有的鸟类在高高的树上筑巢，把茂密的树叶作为掩蔽物；还有的鸟类在中空的树干里做窝，以防雏鸟被天敌发现。要想看到森林里的鸟类并不容易，你可以在林中空地上安静地等待，或许就能看到它们出来寻找食物。

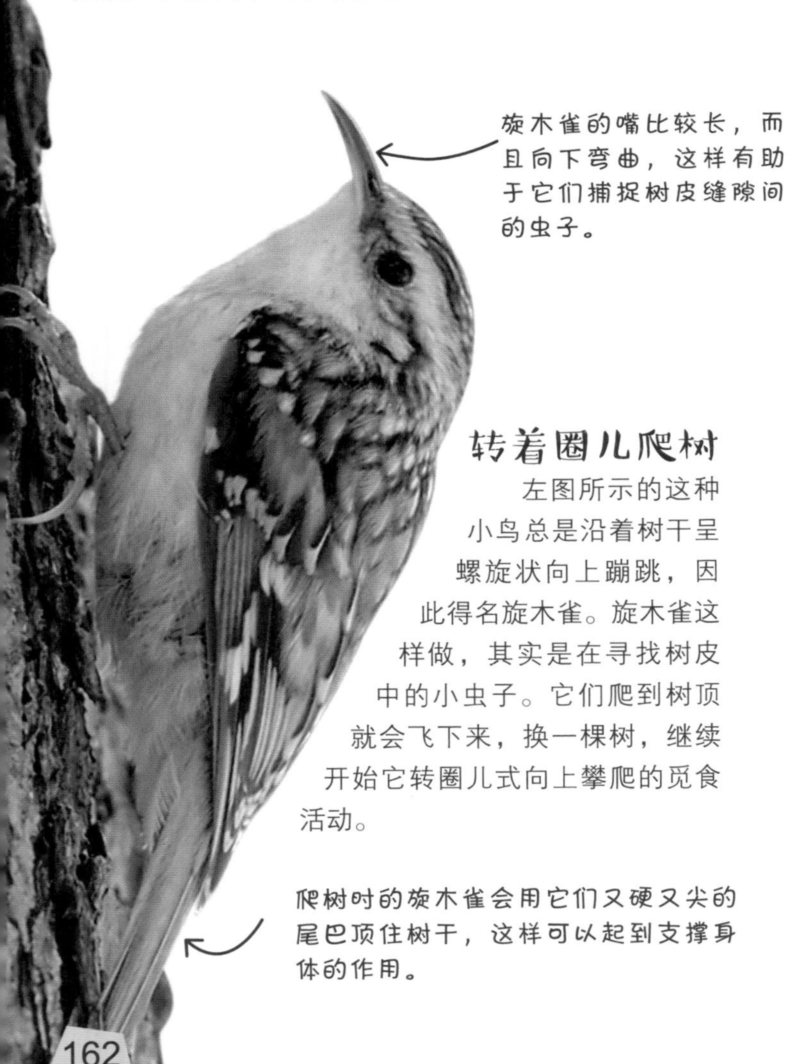

旋木雀的嘴比较长，而且向下弯曲，这样有助于它们捕捉树皮缝隙间的虫子。

转着圈儿爬树

左图所示的这种小鸟总是沿着树干呈螺旋状向上蹦跳，因此得名旋木雀。旋木雀这样做，其实是在寻找树皮中的小虫子。它们爬到树顶就会飞下来，换一棵树，继续开始它转圈儿式向上攀爬的觅食活动。

爬树时的旋木雀会用它们又硬又尖的尾巴顶住树干，这样可以起到支撑身体的作用。

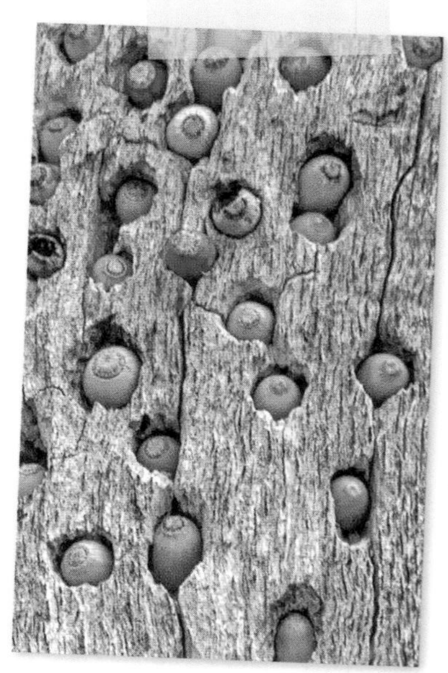

储存橡子

橡树啄木鸟除了吃虫子外，也爱吃坚果。它们总是聚成大群生活，到了秋天，每个大家庭都会选定一些枯树作为储存橡子的仓库。它们在树干上凿出无数个小洞，然后把橡子一个一个地塞进去，作为过冬的储备粮。

击鼓传音

如果去森林里，你很可能还没看到啄木鸟，就听到它们用喙敲击树干发出的“笃笃”声。世界上有200多种啄木鸟，敲击树干发出声音，是大多数啄木鸟都会使用的一种交流方式。啄木鸟用有韵律的敲击声来宣示领地主权，每种啄木鸟都有自己独特的敲击声。它们还会特意选择中空的枯树，以求声音能传播得更远。啄木鸟除了在树上凿孔捉虫吃，也会在树上挖洞做巢。

一只正在哺喂幼鸟的柔毛啄木鸟，它也用尾巴支撑身体。

化身为落叶

夜鹰是一种夜行性的鸟类，它们会在飞行过程中张开大嘴来捕食昆虫。白天，夜鹰趴在地上睡觉，它们有极为隐蔽的保护色，羽毛上的图案让它们看起来和落叶几乎一模一样，即使离得很近也很难发现它们。

遗忘之树

秋季，松鸦会收集很多坚果，然后埋到地下储藏起来，作为冬天的口粮。但是松鸦却没有松鼠那样出色的记忆力，很多储藏点都会被它们忘记。于是到了第二年春天，那些被遗忘的坚果就会萌发出小芽。年复一年，松鸦就这样不知不觉地帮助大树传播了种子。

荒漠草原鸟类

在炎热的戈壁沙漠或热带草原中，阳光长时间地炙烤着地面，在这里生活的鸟类必须寻找阴凉的地方来躲避暴晒，还有一些鸟类干脆晚上才出来活动。即便如此，白天我们也能看到一些大型鸟类在天空盘旋，或是小型鸟类像一团乌云一样结成大群集体觅食。每天清晨和黄昏，也常有鸟类聚集在水坑的附近活动。

全速前进

加州走鹃以擅长快速奔走而得名，它们常在美国和墨西哥的荒原上追逐猎物——主要是蜥蜴和蛇。加州走鹃每分钟可以前行超过500多米，它们虽然会飞，但是在遇到危急情况时，也不会展翅飞走，而是奔走逃命。

雏鸟渴了

沙鸡生活在荒漠里，为了寻找水源，它们常常要飞得很远，甚至会飞到30千米以外的地方。沙鸡腹部的羽毛能像海绵一样吸储水分，这样就能把水带回远离水源的家中。雄性沙鸡腹部羽毛的储水能力尤为出色，沙鸡爸爸把肚子浸入水坑，然后带着沉甸甸的羽毛飞回巢。口渴的雏鸟就会从沙鸡爸爸腹部的羽毛中吸食水分。

如果全世界所有用两条腿奔跑的动物一起参加比赛，冠军一定属于非洲鸵鸟，它们的奔跑速度能达到70千米/时。

昂首阔步

蛇鹫生活在热带开阔的大草原上。它们通常把巢建在矮树或灌木上，因为树冠上适于建巢且视野开阔。蛇鹫以野兔、蜥蜴等小型动物为食，但最为人津津乐道的是它们能捕食蛇。蛇鹫一旦发现蛇，就会用强有力的大长腿对蛇发起踢踩式的攻击，直到蛇死去。如果它们要把蛇带给雏鸟吃，还会把蛇头咬下来扔掉。

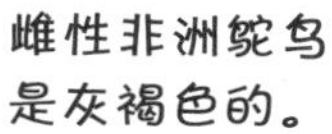

雌性非洲鸵鸟是灰褐色的。

鸟中之最

非洲鸵鸟是世界上体形最大的鸟类，成鸟身高可达2.5米。它们虽然有翅膀，但是龙骨突不发达，而且身体非常笨重，所以无法飞行。它们会在非洲的草原上四处奔走，寻觅食物和水。

非洲鸵鸟虽然不会飞行，但是双腿非常粗壮强健，足以凭快速奔跑来躲避危险。

雨林鸟类

世界上最绚丽多彩的鸟类，应该要数生活在热带雨林中的鸟儿了。热带雨林的物种多样性非常丰富，鸟类也多种多样。鹦鹉和巨嘴鸟在雨林冠层的茂密枝叶间穿梭，雄性极乐鸟为了吸引异性而拼命地展示着自己华丽的羽毛，拖着长长尾羽的原鸡和雉鸡在地面漫步着，小巧玲珑的蜂鸟在花丛中飞来飞去，还有食猿雕在天空中盘旋。

瞭望员

这只葵花凤头鹦鹉正在担任警戒工作。葵花凤头鹦鹉结群生活，当群体中大多数成员在地面寻找植物种子的时候，总会有一两只留在高高的树顶上，负责观察周围的情况。一旦“瞭望员”发现有任何危险的迹象，就会迅速发出警告声，提醒同伴们赶紧离开这里。

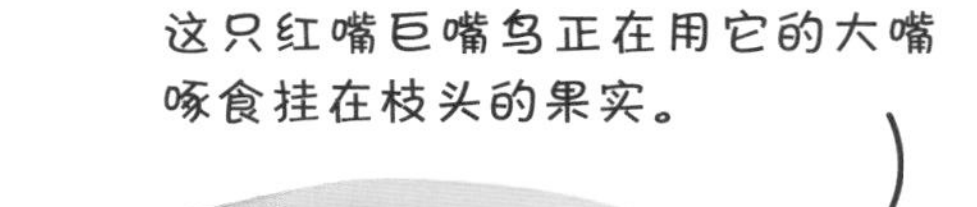

巨嘴鸟

巨嘴鸟也分为不同的种类，但它们有一个共同的特点——都有巨大的喙。虽然它们的喙看起来十分笨重，但是内部疏松多孔，所以非常轻。巨嘴鸟常在热带雨林中相对开阔的地方活动，它们的叫声有点儿像青蛙叫。巨嘴鸟会在树洞中筑巢，并在巢中繁衍后代。

五彩缤纷

热带雨林中的鹦鹉种类繁多、羽色鲜艳，它们都长着强劲有力且弯曲的喙，这可以帮助它们弄开坚硬的果壳，在攀爬时也能起辅助作用。鹦鹉常常群居生活，大多以种子、坚果、浆果、嫩芽等为食。鹦鹉外表美丽、叫声动听，而且格外聪明，很多人都喜欢把它们作为宠物饲养，野生种群因此而受到威胁，使许多种鹦鹉都成了濒危物种。

这只原产于澳大利亚的深红玫瑰鹦鹉有着长长的尾羽，这能帮助它在树林间闪转腾挪时保持平衡。

作为家鸡的野生祖先，雄性红原鸡也有大大的鸡冠和肉垂。

雌性红原鸡比雄性颜色暗谈，多为黑褐色。这让它们在地面的巢里孵蛋时，不容易被天敌发现。

鸡的祖先

如今人类饲养的家鸡，绝大多数都是红原鸡的后代。红原鸡比家鸡个头儿略小，样貌比家鸡威风漂亮，雄性红原鸡的颈背上有泛着金属光泽的彩色羽毛，多为金黄色、橙黄色或橙红色。它们也像家鸡一样生活在地面上，既吃植物的种子、果实，也吃昆虫和蚯蚓等小动物。

城镇鸟类

很多鸟类都不怕人，它们已经学会了如何在人类的聚居地周围生活，如椋鸟、麻雀、鸽子、喜鹊、海鸥等动物。歌鸫、山雀、文鸟等一些小型鸟类，会在城市花园中隐蔽的角落筑巢。游隼、红隼等猛禽，有时也会把高层建筑当成抚育后代的场所。可能还会有一些候鸟路过城市时在这里歇息片刻，或者开始一段短暂的新生活。

和平鸽

城市里的野鸽子通常会在建筑物的房檐附近筑巢。鸽子是和平的象征。然而，城市里如果有太多的野鸽，它们的粪便就会使地面变得非常脏乱，因此很多城市也在想办法控制鸽子的数量。

春夏的来客

毛脚燕和家燕长得很像，但是毛脚燕的个头儿要小一些，它们主要栖息在山地、森林、草坡、河谷等地。毛脚燕也会在城镇中生活，它们用泥在屋檐下筑巢，如果你抬头向上看，或许能看到它们可爱的白脸蛋儿从巢里探出来。春夏之际，毛脚燕会飞来中国的北方，在这里生儿育女，而避寒地则在东南亚一带。

这只毛脚燕正在用湿泥筑巢。这种巢能牢固地粘在墙上，甚至许多年都不会掉。

巢箱

野外有很多鸟都会在树洞中筑巢，因此在城市里，它们也乐于使用人类放在花园里的木质巢箱。如果你想为鸟儿做点什么，不妨做个巢箱，把它放到合适的树上。巢箱的开口不要太大，刚好够鸟儿钻进去就行。至于垫草还是垫羽毛，你就不必担心了，鸟儿自己会解决这个问题。

拾荒者

喜鹊和海鸥一样不挑食，只要是能吃的东西，它们几乎都吃。虽然喜鹊主要吃昆虫和植物果实、种子，但是人类掉在地上的食物，它们也会捡起来吃，甚至其他鸟类的鸟蛋和幼雏，它们也会抢来吃掉。有时我们能看到鸽子、红隼等鸟类和喜鹊发生冲突，那其实是在进行“家园保卫战”。

喜鹊肩头上的羽毛是白色的，张开翅膀时，白色区域呈月牙形。

海滨

Seashore

海滨

去海边游玩是一件多么令人愉快的事情！炎炎夏日，很多人都喜欢到海里游泳冲浪，享受海水带来的丝丝清凉。不管什么季节，海边总有很多新鲜有趣的事物等着你去发现。在这本书里，你可以了解在海滨生活的动物和植物，还能学习到不同类型的海滩的知识。

探索海滩

哪怕没有任何工具，你也能在海滩上发现不少野生动植物。如果有工具的话，你会找到更多有趣的东西，所以去海滩的时候，带上捕捞网、小桶、小铲吧！

时刻准备着

在海边，有些动物吸附在岩石上，当人靠近时无法立刻逃跑，所以我们很容易观察它们；而有些动物灵活机敏，时刻保持警惕，一旦发现有人接近，它们就会迅速游到远处，或者飞快地爬走。

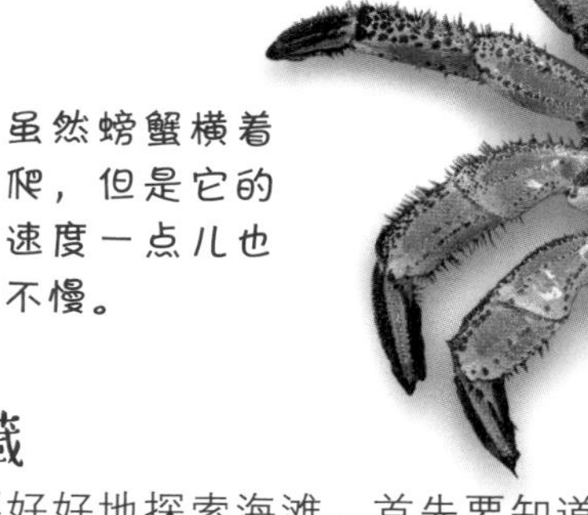

虽然螃蟹横着爬，但是它的速度一点儿也不慢。

捉迷藏

想要好好地探索海滩，首先要知道可以在哪些地方找到动物。例如，当潮水退去以后，没有随着大浪撤退到海里，而是留在沙滩上的铠甲虾们，总喜欢躲在石头下面。

带上素描簿

素描簿可以帮你更有效地记录自己的发现。相比于文字描述，图画能更加直观地展示一个东西的外形。当然，不是每个人一开始都能像画家那样把各种动物画得惟妙惟肖，但只要多多练习，你就会越画越好，说不定就能成为一名小画家呢！

当你画完一个在海边发现的动物之后，别忘了把你发现它的时间、地点也记录下来，更别忘了画完之后把小动物放回去。

海岸是如何形成的？

海岸线并不是一成不变的，而是在不停地变化着。在一些地方，海浪逐渐冲刷、侵蚀陆地，海岸线慢慢向内陆推进；而在另一些地方，海水不断把沙粒和碎石冲到岸边，于是海岸线离内陆越来越远。掌握一些关于海岸形成的知识，你就可以通过观察，找到海岸线变化的证据了。

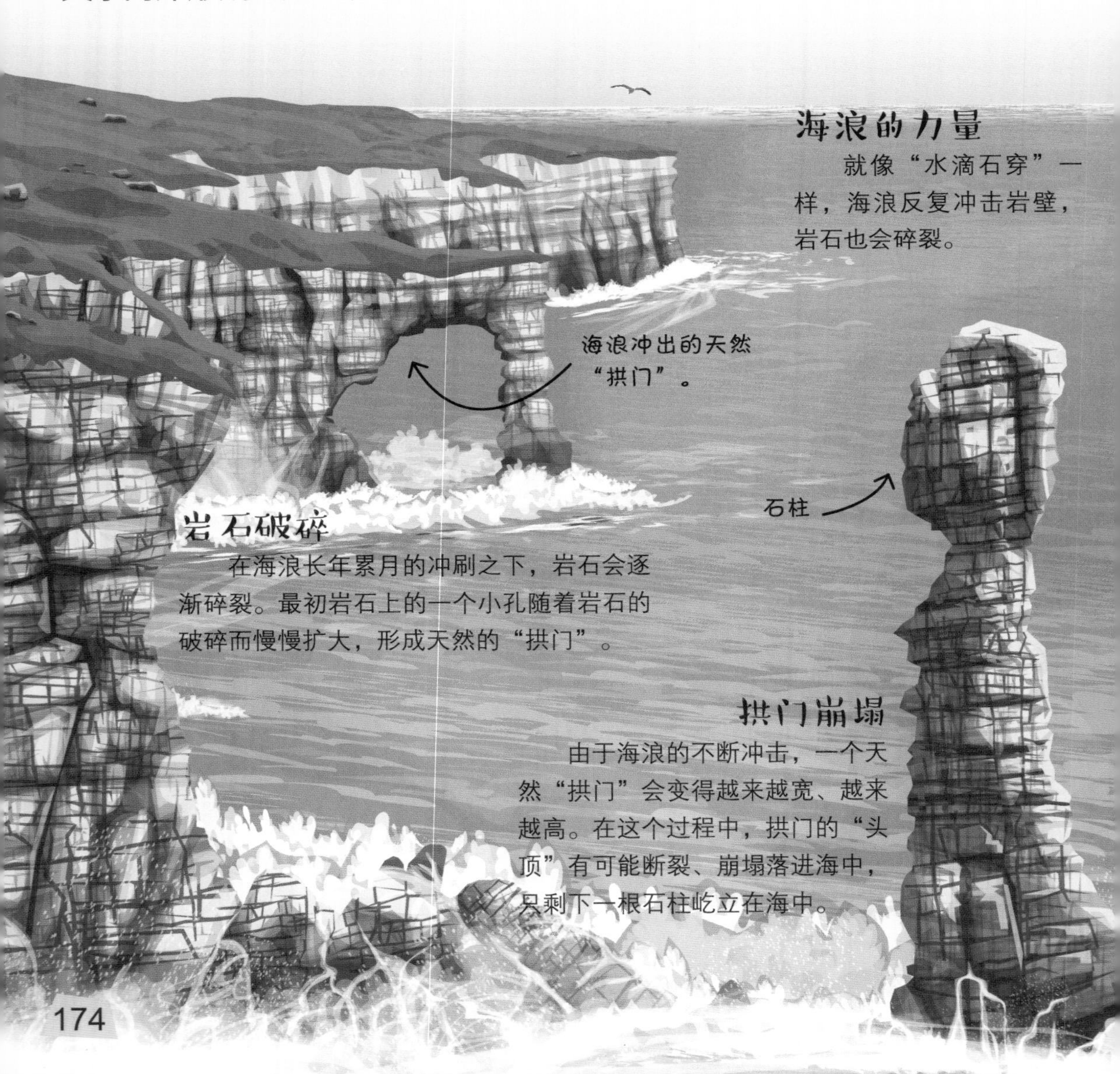

海浪的力量

就像“水滴石穿”一样，海浪反复冲击岩壁，岩石也会碎裂。

岩石破碎

在海浪长年累月的冲刷之下，岩石会逐渐碎裂。最初岩石上的一个小孔随着岩石的破碎而慢慢扩大，形成天然的“拱门”。

拱门崩塌

由于海浪的不断冲击，一个天然“拱门”会变得越来越宽、越来越高。在这个过程中，拱门的“头顶”有可能断裂、崩塌落进海中，只剩下一根石柱屹立在海中。

不同尺寸的石块

岩石被海浪击碎之后，形成了许多大小不等的石块，这些石块有的被海水带走，有的被潮水冲上海滩。大的石块比较重，随着海水前进一小段就会沉落到水底；而细小的沙子很轻，可以被海水冲带很长一段距离。下图展示的这些大大小小的鹅卵石，就是从海岸线向海里前进，每隔20千米采集一批得来的。

碎裂的大块岩石被海浪冲掉了棱角，成为大块的卵石。

大块的卵石继续碎裂，变得更加光滑，成为小块的卵石。

卵石变得足够小之后，就很容易随着浪潮滚来滚去，变成小圆石子。

海浪继续打磨小圆石子，把它们变成颗粒更加细小的砾石。

砾石还会继续碎裂，最终变成沙滩上随处可见的沙粒。

制作海滩小档案

如果你把海岸的全貌画下来，就能看出各处海岸线的变化趋势。峭壁和石柱上有海浪留下的痕迹，表明这里正在被海浪慢慢侵蚀，海岸线会向内陆推进；沙滩上覆盖着一层一层的沙粒、泥沙和砾石，表明这里正在被海浪冲上来的沙石堆积，海岸线会向海里推移。

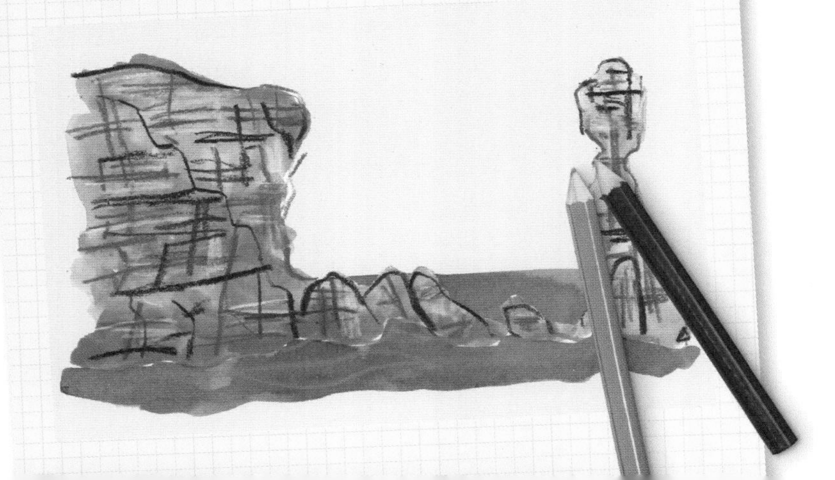

海浪的形成

俗话说：“无风不起浪”，风确实能引起海浪的出现。当风吹拂过海洋时，会推动或拉扯表层海水。海面在风力的作用下，开始泛起涟漪。风持续吹动，涟漪也随之挤来挤去，逐渐变强、扩大，最终形成海浪。海浪能传播到很远的地方，一场发生在海洋中间的风暴所卷起的巨浪，将会在许多个小时之后到达遥远的海岸。辽阔的海洋上总会阵阵风起，所以海浪永远不会停歇。

海浪是怎样行进的？

长时间盯着一波海浪看的话，你会觉得海水是一直向前推进的。但是，如果你把一个能浮在水面上的东西扔进海里，就会发现，它只是随着海浪的波动而高低起伏，却不会追随海浪漂向远方。事实上，当海浪在水面上行进时，海水只是在原地转个圈，而不是向前流动。

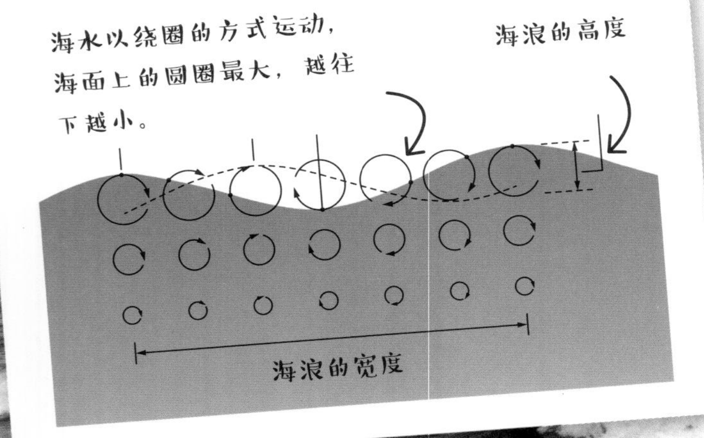

惊涛拍岸

当海浪接近岸边时，底部的海水与海床接触，运动速度变慢，而表层的海水仍然在向前推进。这样一来，浪与浪之间的距离缩短，海浪变得越来越高。最终，几个浪合并成一个大浪，高高卷起，翻腾着冲上沙滩。

海浪会转弯

通常情况下，海浪是沿直线传播的。但是，当海浪到达浅滩附近时，进入浅水区域的海浪传播速度会变慢，尚未进入浅水区域的海浪仍按原来的速度向前。于是，整个海浪就转了个弯，变成沿弧线前进。

左图展示了海浪在经过一个小岛时是如何改变方向的。在通过小岛之后，两侧的浪又会迎头相遇。

叠纸船

如果想叠一艘纸船，首先我们要准备一张正方形的纸。

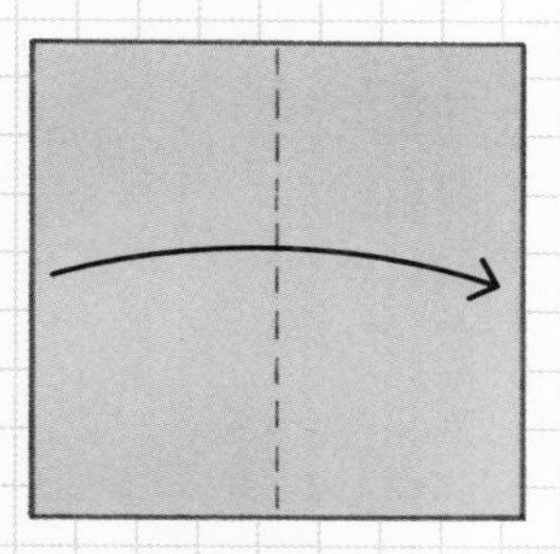

1.将纸左右对折。

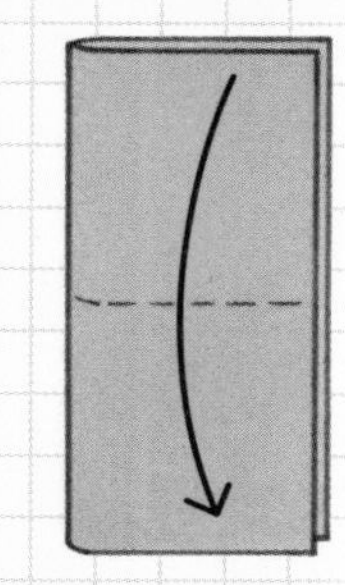

2.将纸上下对折。

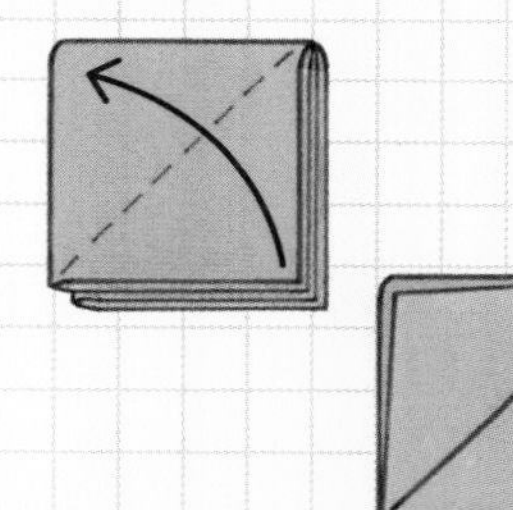

3.将最上面的一层纸翻起，折成直角三角形。

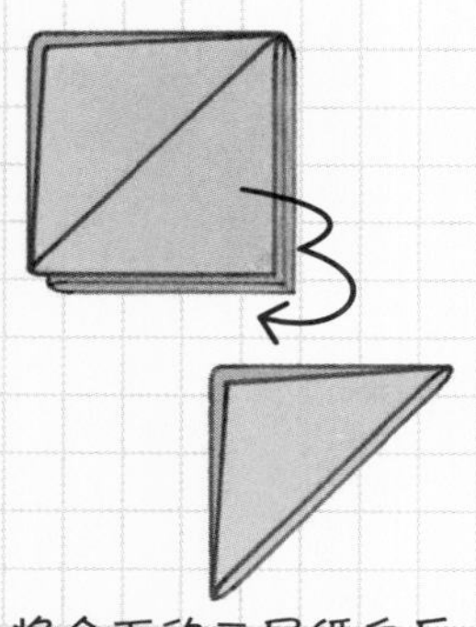

4.将余下的三层纸向后折，同样折成直角三角形。

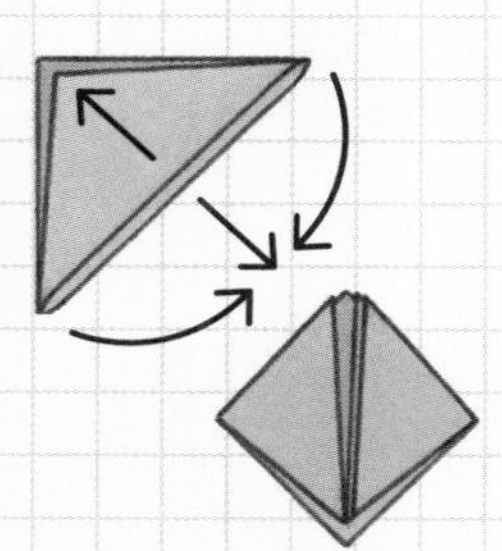

5.将三角形与直角相对的底边拉开，两底角对在一起再折下，形成正方形。

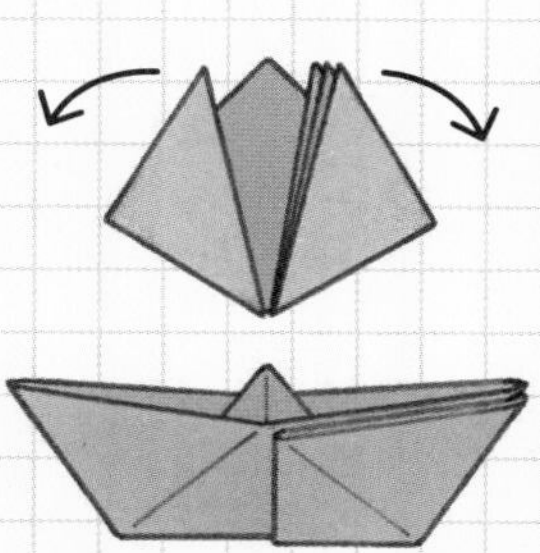

6.轻轻地将正方形外层的纸向两侧展开，一条小船就做好了。

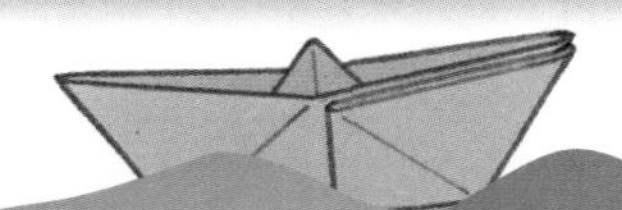

潮汐与潮间带

芬迪湾是世界上潮位最高、潮汐落差最大的海湾。潮水涨到最高水位时，比潮水退到最低水位时的海面高出16米，足有5层楼那么高，而且只需要6个小时，潮水就能从最低水位涨到最高水位。无论潮汐落差是大还是小，都会对海滨生物产生重要的影响。

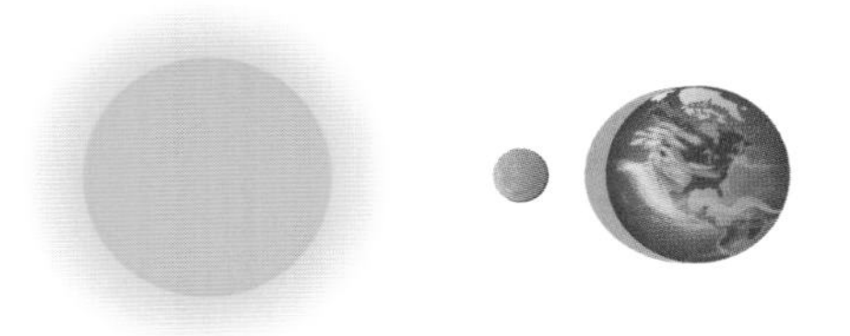

当太阳、月亮和地球在一条直线上时，潮水会涨到最高。

潮汐的形成

潮汐是在引力的作用下形成的。海水受到地球引力的影响，“吸附”在地球表面。海水也在天体（主要是月球和太阳）引潮力的作用下，被向外拉，月球、太阳与地球的距离发生周期性变化，因此就产生了潮汐。

海滨的生物分区

一些生活在海滨的动植物，需要长期待在水下；而另一些则可以在退潮后的海滩上生活一段时间，不必立刻退回水里。因此，海滨的生物类群呈现出区带状的分布特点。

制作小档案

有些海滨的分区非常明显，稍微用心观察就能看出来。我们不妨尝试制作一份海滨小档案，把你在不同区域发现的动物和植物的种类记录下来，看看它们的分布有什么规律。例如，在岩岸找找石头上附着的藤壶，藤壶生长的最高处大概就是高潮线的位置。

美餐时刻

每当海水退潮的时候，鸟儿们就会蜂拥而至，寻找搁浅在海滩上的小动物。那些没来得及随潮水一起退回海中的动物，往往就会成为鸟儿们的盘中餐。

大多数马蹄螺都分布在中潮区和低潮区。

贻贝在退潮时会把壳紧紧地闭上，以免暴露在空气中干渴而死。

帽贝能牢牢地吸附在岩石上，一般捕食者无从下口，但蛎鹬（lì yù）却能用它细长的喙将帽贝撬开。

石鹨（liù）在这片岩岸上四处寻觅食物。

海白菜生长在中潮区和高潮区，在岩礁池里常常能找到它们。

有些玉黍（shǔ）螺生活在高潮线附近的潮上带。

明虾如果离开水，时间稍长就会死亡。

退潮后，帽贝可以在空气中存活很久。

中潮区　高潮区　潮上带

泥沙上的印迹

海滩分为岩滩、沙滩和泥滩，其中沙滩、泥滩都是观察动物足迹的完美场地。当潮水退去，露出光滑平整而又湿润柔软的海滩，从上面经过的动物们会留下一串印迹。通过观察这些印迹，我们可以获得很多信息。

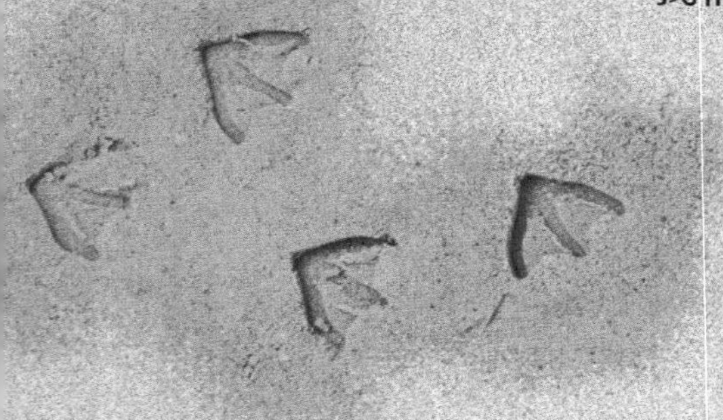

海鸥走路时，双脚略微有些“内八字”。

海鸥的爪印

仔细观察海鸥的爪印，我们能看出它有三根脚趾，中间的那根笔直地指向前方，剩下的两根有点儿向内弯曲。脚趾之间连接着薄薄的皮膜，这层皮膜就是蹼（pǔ）。很多水鸟都有蹼，在游泳时，蹼能像船桨一样划水。

带狗去海边

有些人会带狗去海边玩，于是海滩上会留下狗的小爪印。狗的每根脚趾上都有一个小小的肉垫，肉垫前面是尖尖的趾甲，脚掌上有一个加大版的肉垫。如果小狗在海滩上欢快地奔跑，就会留下更深的爪印。

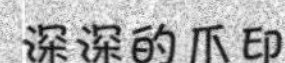

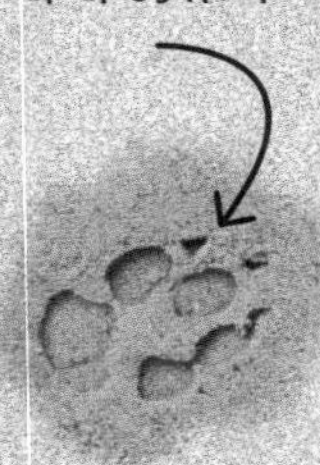

人类的脚印

当你在海滩上漫步或奔跑时，脚印的深浅和步幅的大小，都与你行进的速度息息相关。跑得越快，脚印就越深，步幅也就越大。如果你在海滩上发现了人的脚印，不妨试着推测一下，猜猜脚印的主人是慢慢地走在海滩上，还是快速地跑过去的呢？

当人在沙滩上缓步行走时，脚印会比较均匀、平坦。

鸬鹚的爪印

鸬鹚（lú cí）不下水捕鱼时，通常会站在高处的岩石或树枝上，不过偶尔也会在沙滩或泥滩上行走。鸬鹚的爪印呈“外八字”状，可以看出它有4根伸展开的脚趾，趾间也有蹼。鸬鹚的脚趾都是直的，最内侧且指向前方的那根最长。

脚趾间有蹼

鹭鸶的爪印

鹭是鹭科鸟类的通称，俗称鹭鸶（lù sī）。看看它们的爪印，也有4根脚趾。和鸬鹚不同的是，鹭鸶的脚趾是三根向前伸，一根向后伸的。觅食的时候，鹭鸶喜欢在水边或浅水里走来走去，因此也常在泥滩上留下爪印。鹭鸶的腿很长，步幅很大，所以它们的爪印彼此之间相距很远。

鸬鹚的腿比鹭鸶的要短得多，所以爪印之间的距离也比较短。

伸向后面的脚趾

当人在海滩上跑过时，脚印中脚趾处的凹陷会比脚跟处的深。

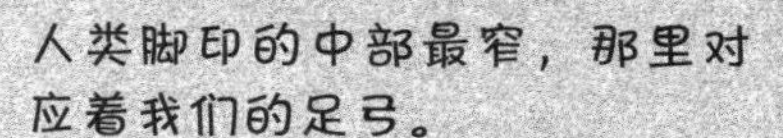

探索海滩

海浪每天都会把各种各样的东西冲上海滩，包括贝壳、海藻等生物或生物的残骸，也包括人类丢弃、遗落的物品。要想探索海滩，最好从海岸线开始，仔细搜寻一番，那里可是有无数被海浪冲上来的好玩儿的东西。

暗藏的危险

这种圆锥形的海螺叫作芋螺，它们身上带有毒性很强的毒液。被芋螺刺伤的人可能会中毒身亡，所以千万不要碰这种海螺。

很多贝类死去之后，外壳上的颜色就慢慢褪去。

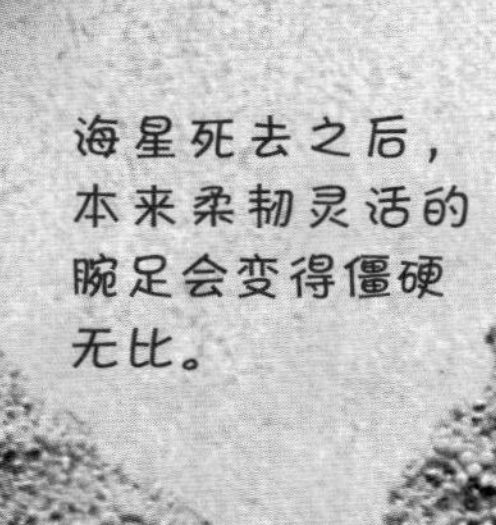

搁浅的海星

如果海星被冲刷上岸，没能及时回到海里的话，就会因为脱水而死去。晒干了的海星尸体非常坚硬，不容易腐烂，往往能在海滩上保存很多年。

浮木有时看起来像动物的骨头，甚至像某种动物。

漂流的木头

海滩上常常会有被冲上岸的浮木，在海浪的打磨之下，很多浮木都变得光滑无比。

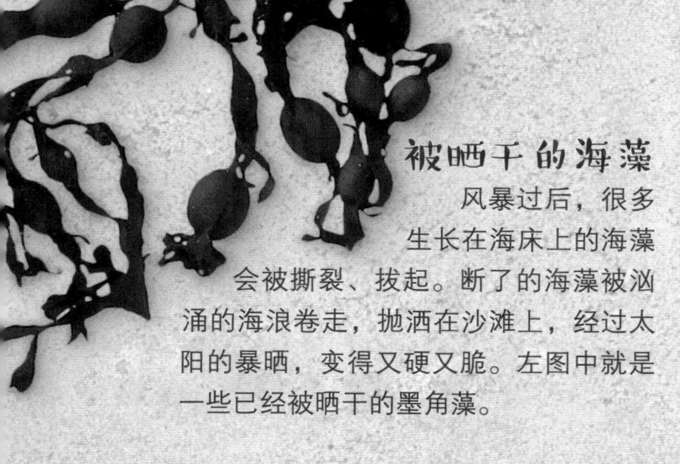

漂亮的珊瑚

在热带海域的沙滩上，有可能遇到珊瑚。不同种类的珊瑚，颜色各异、姿态万千。

被晒干的海藻

风暴过后，很多生长在海床上的海藻会被撕裂、拔起。断了的海藻被汹涌的海浪卷走，抛洒在沙滩上，经过太阳的暴晒，变得又硬又脆。左图中就是一些已经被晒干的墨角藻。

海胆还活着的时候，它们的壳上布满了尖刺。

海浪使沙滩上的沙粒不断运动，将贝壳和石子慢慢磨碎。

刺不见了

海胆的壳薄而脆，当它死去之后，壳很快就会被海浪冲碎，上面的刺也纷纷掉落。

鸟蛤（gé）的两片壳是对称的。

有些芋螺的壳上有短短的小刺。

动物的遗骨

在探索海滩的时候，如果你有幸发现一些动物的骨骼，那绝对称得上是最棒的战利品。我们从遗骨中可以得到很多信息，甚至能推测动物生前的状况。图中所示为褐鹈鹕的头骨，它们用又长又大的喙来捕鱼。

长而扁平的喙

海滩上的东西并非都是天然的，还有很多是人工产品。例如，那些在海中不能被降解的塑料瓶和塑料袋，有可能远渡重洋后被冲上海岸。

海边峭壁

对人类而言，悬崖峭壁是非常危险的地方，如果你走在悬崖边，千万要小心。不过，对一些动物来说，悬崖却是一个再安全不过的地方。很多海鸟都会选择在悬崖上筑巢、产卵、育雏，因为许多吃鸟蛋和雏鸟的动物很难爬上陡峭的岩壁。每年都会有那么几周，我们可以在一些海滨的峭壁上看到这样的盛景——无数鸟儿在凸起的岩石上筑巢，它们的鸟巢密密麻麻地挤在一起。

自由翱翔

海风被峭壁阻挡会形成上升的气流，海鸥常常利用这种气流不费吹灰之力地在空中盘旋。它们不必拍打翅膀，只需要调整身体的倾斜度，就能滑翔很久。在海边，你很容易看到海鸥一边盘旋一边寻觅食物的身影。

微型矿井

一些地花蜂会在沙滩附近筑巢，有掩蔽物的沙土斜坡是它们最中意的巢址。首先，雌蜂在沙地上挖出像矿井一样具有分支的坑道。然后，它们出去采集花粉，并制作成许多花粉团，储藏在坑道的不同分支里，并在每个花粉团上产一粒卵。

观鸟者的天堂

对于观鸟者来说，海边的峭壁是完美的观鸟地点，如果再有一副望远镜，那就更棒了。在春夏两季，无数的鸟会蜂拥而至，不同种类的鸟在悬崖的不同位置筑巢；到了秋冬之时，又会有很多鸟离开这里飞向大海，还有一些会迁徙到更远的地方。

悬崖上的小丑

海鹦是一种识别度非常高的海鸟，它们那带有彩色条纹的大嘴和鲜艳的橙色双脚，实在是太显眼了，看起来就像舞台上打扮得非常夸张的小丑。大部分海鹦会在峭壁上方长有草木的软泥层处挖洞做巢，也有一些选择在崖壁的石头缝隙里筑巢。海鹦常常站在巢穴入口处清理羽毛，拍打那有点儿短的小翅膀，样子既滑稽又可爱。

喧嚣的邻居

三趾鸥喜欢在悬崖高处凸起的岩石上筑巢。它们的巢通常是用海藻搭建的，还会用一些排泄物作为黏合剂，把海藻牢牢地粘在岩石上。三趾鸥总是成群结队地在一起繁殖，鸟巢彼此相邻，此起彼伏的尖锐叫声不绝于耳。

以石为巢

海鸠从来都不筑巢。雌鸟会在岩壁上选择一块凸出的岩石，直接在上面下蛋，一般每次只下一个蛋。海鸠不筑巢，那它们的蛋会不会滚下岩石呢？不会的！原来，海鸠的蛋一头儿非常小，形状就像陀螺一样，所以即使滚动，也只会在原地转圈，不会滚到别处去。

一楼住户

如果岩岸边住有鸬鹚，那它们的巢一定是在悬崖的最底端，确保海浪打不到就行了。它们的巢也是用海藻搭成的。鸬鹚的羽毛上不像其他海鸟那样有防水的油脂，它们捕鱼后会浑身都会湿透，只好张开翅膀晾干羽毛，所以人们经常能看到鸬鹚展翅立在岸边的样子。

匆匆过客

世界上很多地方的海滨都时刻欢迎八方来客。一年中的不同时节，会有不同种类的动物造访海滨。冬天，很多来自寒冷地区的鸟类迁徙到温暖的海滨；春夏是许多海鸟繁殖的季节，平时很少上岸的它们为了求偶、繁衍而在海滨聚集。夏季也是人们喜欢光顾海滨的季节，很多人选择来这里度过一个美好的假期。

去海边过暑假

如果你有机会在暑假的时候去海边玩，可要好好享受这段快乐的时光。不过别忘了，当你离开的时候，除了你的脚印，不要把任何东西留在沙滩上。

粉脚雁会沿着海岸线迁徙。

候鸟回归

对许多鸟类而言，海滨是它们理想的越冬地，因为海滨的冬天通常比内陆要暖和一些。

夜访海滩

生活在海边的红颊獴总是夜访海滩，捕食螃蟹等海滩上的小动物，还会把海龟埋在沙子里的蛋偷偷挖出来吃掉。它们依靠敏锐的嗅觉搜寻海龟的蛋，一旦找到，就会把蛋从沙子里刨出来，美美地享用一餐。

离开水的鱼

加州银汉鱼是一种在陆地上产卵的奇特鱼类。它们会在春夏温暖且涨潮的夜晚聚集成群，蠕动着身体爬上海岸。雌鱼把卵产在潮湿的沙子里，雄鱼则排出精子，然后鱼群再回到海里。受精卵被埋藏在湿沙里，幼鱼出生后，会随着潮水进入海中。

上岸生宝宝

海豹一生中的大部分时间都在水中度过，不过它们却是在岸上出生的。海豹的警惕性很高，不喜欢人类接近它们。因此海豹总是选择在寒冷的冰面上或偏僻的海滩上繁殖并抚育幼崽，以免新生幼崽受到人类的侵扰。

海豹宝宝通常在岸上生活三个月左右，之后便投入大海的怀抱。

一起玩

海豚是一种非常聪明又充满好奇心的水生哺乳动物。它们常常在人类的游船前面或旁边游动，也乐于和人类互动嬉戏，甚至还会游到离海岸不远的地方，与冲浪的人玩得不亦乐乎。

海豚通常对人类十分友好。

贝壳的形状

沿着海滩走一走，你很容易就能收集到各种各样的贝壳，这些贝壳是生活在海里的软体动物的钙质外壳。这层外壳可以保护柔软的身体，防止它们被捕食者轻易地吃掉，即使搁浅在岸上，也不至于很快就脱水而死。

宝螺

宝螺壳的底部有一条狭长的开口，开口两侧各有一排细齿。

双壳类

很多软体动物都有两片壳，因此被称为双壳类动物。大多数双壳类动物的两片壳是对称的。它们死去后，两片壳很可能会分开。

这个尖尖的地方，就是螺壳最早形成的部分，一圈圈螺纹显示了岁月的痕迹。

榧螺

榧（fěi）螺的壳呈筒状，接近于圆锥形，壳的表面非常光滑。

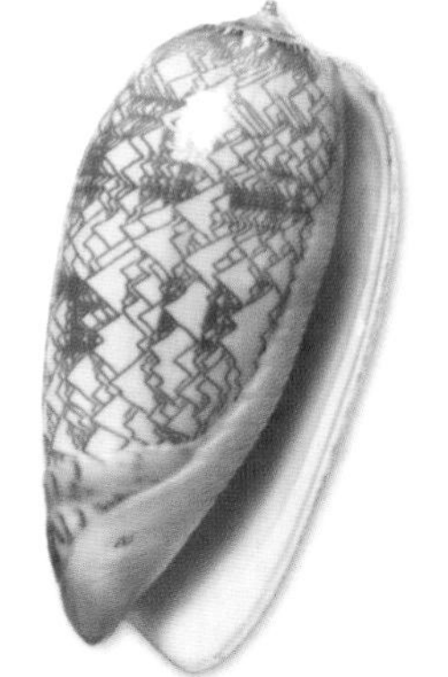

芋螺

芋螺的螺旋尖端通常很小，也比较扁平。仔细观察螺旋尖端，螺旋线的圈数越多，说明芋螺的年纪越大。

螺旋开瓶器

螺壳上这个尖尖的结构，看起来就像一个螺旋开瓶器。

光滑的内衬

很多贝壳的外表面都凹凸不平，非常粗糙，但内侧却十分光滑。

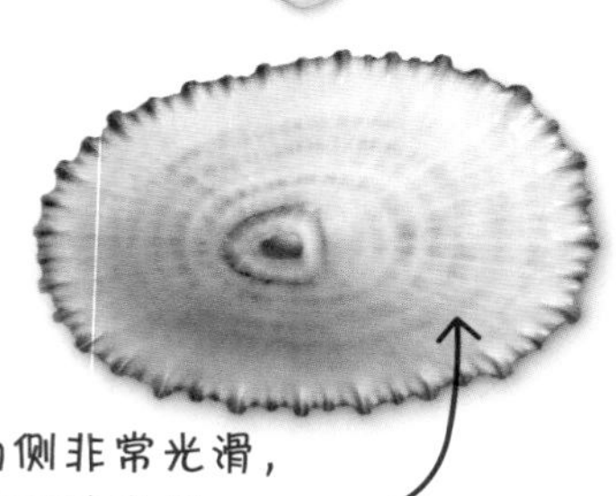

贝壳的内侧非常光滑，闪耀着美丽的光泽。

藤壶吸附在贝壳上，随着贝壳的移动，它们有更多的机会寻找到食物。

搭乘顺风车

贝壳的外面常常会附着一些其他的动物或植物，这些“乘客”就像在搭乘免费的顺风车。藤壶就是一类吸附在固体表面的动物，除了礁石，贝壳也常是它们选择的居所。

这个海螺壳已经被打磨得十分圆润。

碎裂

海生软体动物死去之后，它们留下的壳被磨来磨去，变得越来越薄，碎裂成几片后继续被磨损，最后化为无数细小的碎片。

收藏品

很多人都喜欢收藏贝壳。与那些猎杀活的动物，获取它们的骨、牙、皮等制成的工艺品不同，把从沙滩上捡拾的空贝壳作为收藏品，并不会危害到野生动物。

叠罗汉

指甲履螺总是成群地生活在一起，它们附着在船底或其他贝类的壳上，像叠罗汉似的摞在一起。

很多小贝壳也很漂亮，如果你喜欢收藏贝壳，可以用筛子把它们从沙子和小卵石里挑出来，这个方法非常便捷。

挖掘孔穴

在沙地上挖个洞是轻而易举的事情，但要在坚硬的石头上钻个孔，可就没那么简单了。海滨的很多动物都靠挖掘孔穴并藏在里面来保护自己。它们都是挖掘大师，各有各的妙招，有些住在石头里，有些住在木头里，还有一些住在沙地或泥地里。

海笋的壳深深地钻进石头里。

挖沙达人

有一类被称为掘足纲的软体动物，它们生活在海底，壳的形状很像牛角。掘足纲的动物总是尖头朝上露出沙子，大头朝下藏在沙子里，有一圈细细的触手从下端的开口伸出取食浮游生物。它们的壳有时会被海浪冲到沙滩上。

钻探专家

海笋的壳就像钻头一样，两片壳的一端各有许多用来钻凿的锯齿。它们能钻进岩石、木材、水泥等各种材质的物体里生活，也有一些海笋直接在软泥沙滩里穴居。

掏空岩石

海胆喜欢躲在岩石的缝隙中，以藻类和水螅等体形很小的动物为食。海胆的刺是钙质的，和我们的牙齿成分有些相似。海胆的壳由很多块骨板组成，在骨板的带动下，它们还可以动。

海胆常常躲在中空的石头里或石头的缝隙间。

躲在地下

如果你在退潮时去海滩，不妨仔细地找一找，看看有没有沙管虫藏在地下。沙管虫在沙子里筑有一根用于进食的管子，是用黏液把沙粒、碎壳等东西粘在一起形成的，这让我们很容易就能发现它。

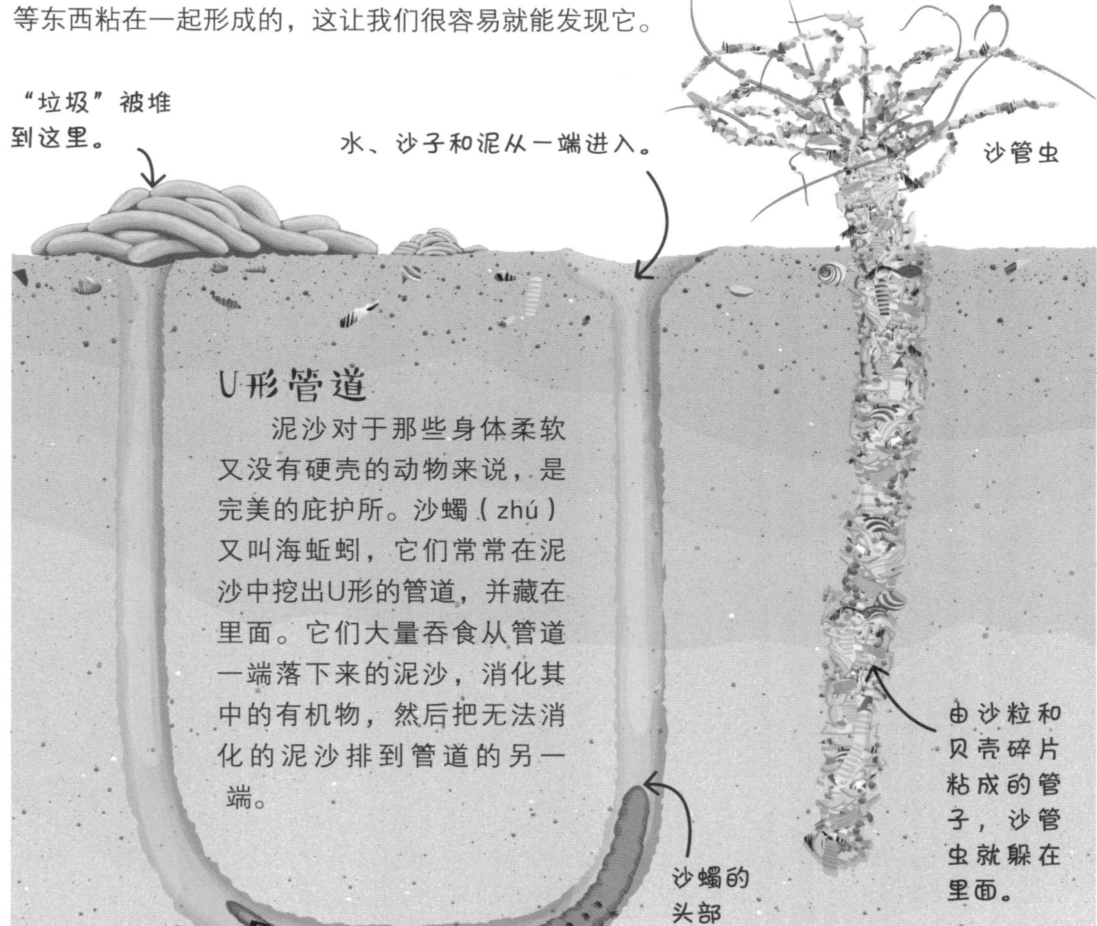

U形管道

泥沙对于那些身体柔软又没有硬壳的动物来说，是完美的庇护所。沙蠋（zhú）又叫海蚯蚓，它们常常在泥沙中挖出U形的管道，并藏在里面。它们大量吞食从管道一端落下来的泥沙，消化其中的有机物，然后把无法消化的泥沙排到管道的另一端。

凿沉船只

船蛆其实并不是蛆，而是一种软体动物。它们利用自己壳上锉状的突起，旋转着钻开木头，一边钻，一边吃锉下来的木屑，最后把木头吃得千疮百孔。对于木制的船只而言，船蛆的危害极大，不少船只都是因为船蛆的蚕食而沉没的。

海滨的鱼类

在海边，我们能看到很多动物固定附着在某一个地方。它们不会乱跑，人们很容易近距离地观察它们。但如果想要观察鱼，那可就不容易了。鱼儿们总是保持高度的警觉，一旦发现风吹草动，就会迅速游走，赶快找个地方把自己藏起来。

保持直立

海马是一种非常特别的鱼，即使游泳时，它们也竖直着身体。停下来的时候，海马总是会用尾巴卷住海藻，以免自己被水流冲走。海马因头部长得很像马而得名。它们身体的表面覆盖着一层骨板，看起来不太像鱼类。

来去无踪

鳚（wèi）鱼是一种生活在礁盘等地方的小鱼，广泛分布于世界各地的温带和热带海洋中。如果你尝试用网捞起一条鳚鱼，就会发现那简直难于登天。鳚鱼拥有瞬间改变方向的能力，一眨眼的工夫就能逃之夭夭。

就像绝大多数鳚鱼一样，浅红副鳚也有很长的背鳍。

欧洲鳚鱼又叫蝶鳚，从近海的浅水中到数百米深的海床附近，都能找到它们的身影。

手指般大小

虾虎鱼是一种小型鱼，几乎都生活在浅水里。很多虾虎鱼都长着大大的眼睛，它们的视力绝佳，一旦发现情况不妙，就会立刻逃走。左图所示为一条生活在岩滩附近浅海水域的黑虾虎鱼。

船桨状的尾鳍对虾虎鱼快速游动、转变方向都有很大的帮助。

沙里藏身

鰤（xián）鱼总是把自己浅浅地埋进海床的沙子或泥巴里，以免被捕食者发现。它们主要捕食一些小型的环节动物、软体动物和甲壳动物。成年的雄性鰤鱼体色绚丽鲜艳，而未成年鰤鱼和雌性鰤鱼则没有亮丽的外表。

五彩斑斓

很多鱼类为了隐藏自己，都会选择颜色暗淡的灰、黑、青色的“外衣”，但也有一些鱼儿恰恰相反，披挂一身鲜艳多彩的“行头”。濑（lài）鱼就是这样一类鱼。右图所示为两条杜鹃濑鱼，雄鱼和雌鱼的体色完全不一样。

雄性杜鹃濑鱼身上有黄底蓝纹的图案，部分蓝色的地方还会反光。

雌性杜鹃濑鱼整体呈橘色，未成年的杜鹃濑鱼也是如此。

仔细观察

在大自然中生存总是危险重重，对生活在海滨的动物们来说同样如此。它们需要找到充足的食物来填饱肚子，同时又要避免自己成为别人的口中餐。为了不被猎物和天敌发现，很多动物都有一套高超的伪装技巧，它们演化出独特的体态或体色，从而完美地融入环境中。

找找鱼在哪

裸胸海龙有着极为细长的身体，细得像一根筷子似的。它们潜藏在水草丛中时，可以完美地化身为水草，很难被发现。它们主要以浮游生物和小型甲壳动物为食。

裸胸海龙

我们很难有机会观察到魟（hóng）鱼的腹侧，除非它游动起来。

完美匹配

在那些几乎只有海沙的海底，很难找到岩石、珊瑚礁之类的掩蔽物，于是鲽鱼、魟鱼这些底栖鱼类便想方设法地用沙子和碎石来当掩体。当它们平躺在海底时，身上那些既细密又斑驳的图案，就能和海沙完美地融为一体了。

这种魟鱼身上有着棕色和白色的斑点，看起来就像阳光透过波光粼粼的海面照射在海底的样子。

鳎（tǎ）目鱼是比目鱼中的一类。图中共有两条鳎目鱼。你能找到埋在海床里的另一条吗？

制作面具

如果你也想尝试一下海滨风格的伪装，不妨尝试做一个这样的面具。需要用到的材料是：一个气球、一些旧报纸、一碗水、一把海藻、一碗面粉、一些沙子和贝壳。

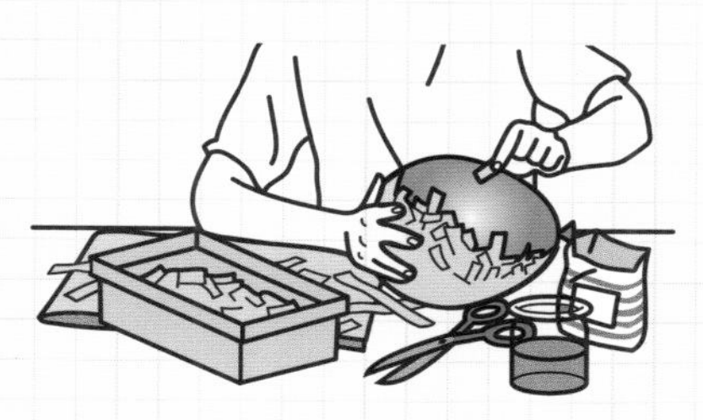

1.把面粉和水混合在一起，调成糊状。再把气球吹成和你的头部差不多大小。将报纸撕成小碎条，然后用面糊把报纸条粘在气球上，可以多粘几层，让它看起来厚实一些。

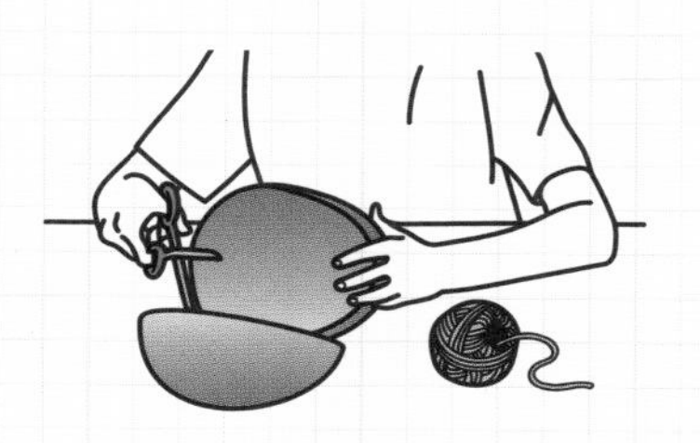

2.等报纸和面糊干透、变硬后，就可以把它从气球上取下来了。如果不易取下，也可以把气球刺破，这样我们就得到了面具的雏形。

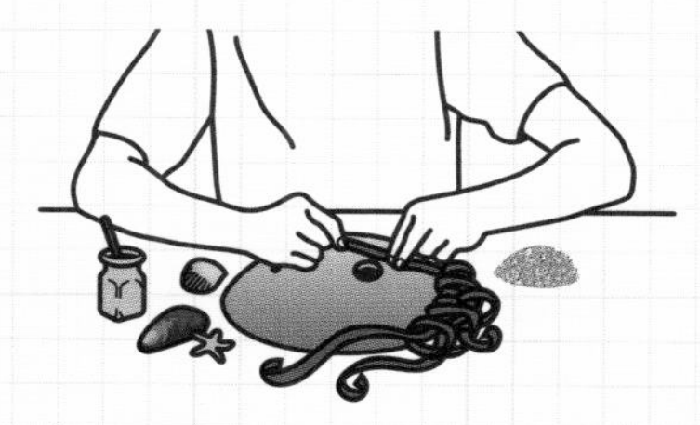

3.在面具上眼睛和鼻子所对应的地方开几个小孔，然后把沙子、贝壳和海藻粘上去，面具就完成啦！

戴上面具开始伪装吧！

消失的螃蟹

长喙大足蟹会利用海藻来隐藏自己，而且还会把海藻撕成一块一块的粘在自己的身上。你能找到图中这只长喙大足蟹的钳子和长腿分别在哪里吗？

盔蟹会把自己埋在沙子里，只伸出一根呼吸管。

水下花园

分布在美洲太平洋沿岸的巨藻，生长速度极快，在整个自然界中名列前茅。藻类是比较低等的植物，它们的叶片被称为叶状体，结构比种子植物的叶片要简单。巨藻的叶状体呈狭长的片状，很多小鱼都会躲在巨藻丛中。试试看，你能在这里找到多少条小鱼？

褐藻

在不同深度的海水中都能见到褐藻。不同种类的褐藻，形态各不相同。例如，鹿角菜的叶状体比较窄小，而海带的叶状体又宽又大。

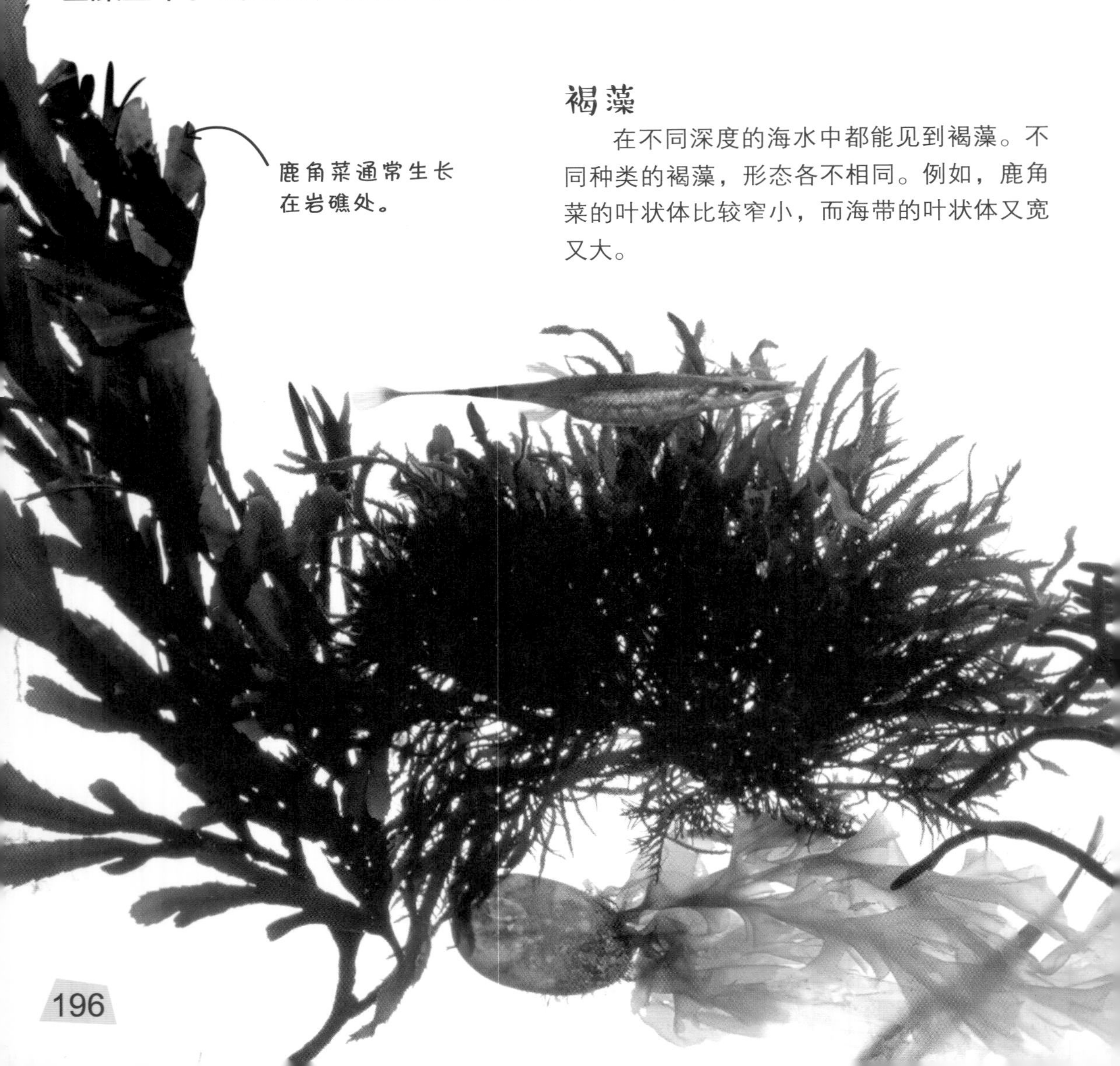

鹿角菜通常生长在岩礁处。

绿藻

世界各地的海洋和淡水湖中都有绿藻的身影，甚至陆地上的一些阴湿处也有绿藻分布。与褐藻相比，绿藻的结构更加简单，植株也单薄脆弱得多。如果你把一株绿藻从水中捞出来，它很容易就破碎，甚至会化为一滩浆液。

红藻

所有藻类植物的生长都需要光照，它们必须进行光合作用。红藻可以在光线很微弱的地方生长，所以在较深的海水中也能找到它们。除了海洋之外，也有少数红藻生长在淡水中。

紧抓不放

想象一下，如果在风暴来临的时候，被卷入滔天巨浪里，你会怎么样呢？海边的动植物每天都要经历海浪的洗礼，海浪的冲击力非常大，海滨的生物要想生存下来，就必须学会应对这种挑战。例如，找个东西把自己牢牢地固定住。如果任凭自己随波逐流，它们很容易就会被大浪卷起来，摔到石头上，粉身碎骨。

挂起来的卵

猫鲨是一类小型鲨鱼，它们会在近海水域产卵，产下的卵有一层外壳，摸起来像硬质橡胶。外壳的两端还有一些卷须，这样卵可以缠在海藻上，让鲨鱼宝宝安全地成长。

吸在石头上

很多生活在岩滩的动物都有吸盘结构，这样它们可以把自己固定在石头上。左图所示的这只海葵就是这样做的，它牢牢地吸附在石头上，用可伸出的触手来觅食。大多数海葵一旦固定后便不再移动，选好位置就吸上去待一辈子。

锋利的刺

海胆有许多被称为管足的小脚，管足末端的吸盘能让海胆牢牢抓住石头。

用柄来连接

海藻不像高等植物那样有根、茎、叶，它们并没有能吸收营养物质的真正的根，但也能用根状体把自己牢牢地固定在岩石或海床上。如果海藻不幸选了一块太小、太轻的石头，或者海藻所选的石头被海水冲碎了，海浪就会把海藻连同石块一起掀起来，冲到海滩上。

搬家的螃蟹

寄居蟹可以用它强而有力的腿抓住石头，以免自己被水流带走。如果寄居蟹受到了惊吓，它们往往会迅速“松手”，把整个身体都缩回壳里，连蟹带壳一起骨碌碌地滚下石头，借此躲过一劫。

海葵吸附在寄居蟹所住的贝壳上。

寄居蟹牢牢地抓住石头。

海星和海胆都是棘皮动物，它们都有带吸盘的管足。

岿然不动

帽贝强有力的足就像一个大吸盘，能紧紧地吸附在岩石上。因为帽贝的壳是扁平的，所以即使冲击力非常强大的海浪也很难将它冲走。

帽贝的壳上长了海藻。

生命漂流

猜猜看，一桶海水里能“住着”多少种生物？十个？一百个？答案肯定会让你大吃一惊：一桶海水里可能有上百万个生命。这些肉眼看不见的微小生物被统称为浮游生物。它们自身没有移动能力，或者移动能力非常弱，只能随波逐流，一辈子都过着漂泊不定的生活。

鱼苗

大自然的生存竞争非常残酷。很多鱼类都采取以量取胜的策略，它们大量产卵，希望少数幸运儿能存活下来，鳕鱼就是其中的代表。

鳕鱼宝宝在幼年时期以浮游生物为食。

玻璃外壳

硅（guī）藻是一种单细胞植物，它们漂浮在水面附近进行光合作用。在显微镜下观察，你会发现每个硅藻细胞的外面都像套着一层玻璃，这是它们的硅质细胞壁。

奇形怪状

浮游植物有很多种类，其中不少都有特殊的形态。例如，这种长着三个“角”的三角角藻。

蟹大十八变

蟹在幼年时期也过着漂泊的生活。蟹宝宝小时候长得像水蚤，被称为蚤状幼体。随着年龄的增长，蟹宝宝慢慢地变成我们熟悉的螃蟹的模样，也不再随波漂流，而是潜到水底生活。

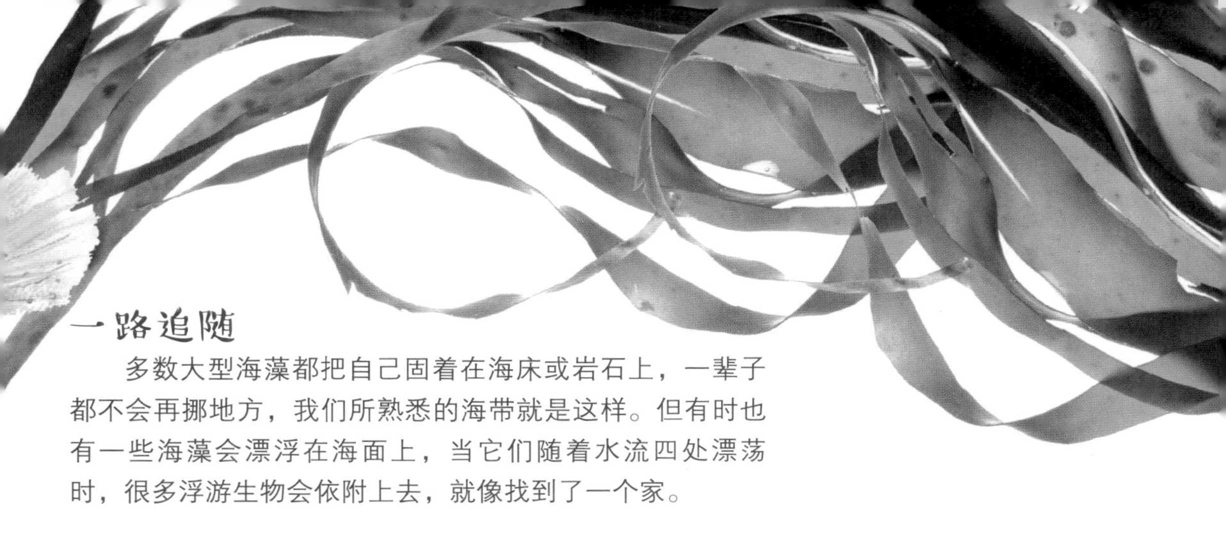

一路追随

多数大型海藻都把自己固着在海床或岩石上，一辈子都不会再挪地方，我们所熟悉的海带就是这样。但有时也有一些海藻会漂浮在海面上，当它们随着水流四处漂荡时，很多浮游生物会依附上去，就像找到了一个家。

漂浮的果冻

绝大多数水母一辈子都在漂流。水母半透明的躯体就像果冻一样，一旦被冲到海滩上，便无法移动，会很快死去、破裂。

细长灵活的触须可以把食物送到嘴里。

缓慢游动

水母通过反复收缩、放松身体的方式来游动。当它们收缩身体、挤压内腔时，体内的水就会向后喷出，借助喷水的推力，水母就能向前游动。水母无法快速有力地游动，它们一旦被海浪卷向海滩，便再也无力逃脱。

饱餐一顿

对于大海中以浮游生物为食的动物来说，食物到处都是。浮游生物虽然只有针尖般大小，但胜在数量繁多。很多动物日复一日地滤食这些漂浮的小东西，也算是“吃流水席”了。当然，还有很多动物并不满足于吃浮游生物，它们要捕食更大的猎物。

八爪猎手

章鱼几乎不挑食，它们会捕食虾、蟹、鱼、贝类等各种小型动物。别看螃蟹长着硬壳，就以为软绵绵的章鱼拿螃蟹没办法。章鱼用它灵活的八条爪紧紧地缠住螃蟹，然后将毒液注入螃蟹体内，中毒麻痹的螃蟹就成了章鱼的美餐。章鱼通常白天躲在岩石缝隙等暗处休息，晚上再出来“打猎”。章鱼能改变自己的体色，变得和周围环境一样，看起来就像隐身了似的。有时章鱼也靠变色来表达自己的“情绪”。

强有力的吸盘能让章鱼紧紧地吸在物体表面，也能让它们在海底快速移动。

活的潜水艇

乌贼和章鱼是近亲，不同的是，乌贼有10条触手，而且体内有疏松多孔的内骨骼，水或空气可以填充在内骨骼的空隙中。乌贼通过这种方式调整身体的重量，就能像潜水艇一样轻松地下潜或上浮。乌贼可以通过挥动触手来游泳，也可以通过喷水来前进。

乌贼的10条触手中，有两条特别长的触手用来捕猎，平时都缩起来。

危险的漂浮物

僧帽水母和其他水母一样，过着随波逐流的漂浮生活。它们有极长的须状触手，大约十几米长。僧帽水母的触手上有充满毒素的刺细胞，小鱼碰到这些触手后，就会迅速被毒素麻痹。然后，僧帽水母就能把小鱼拉过来吃掉。

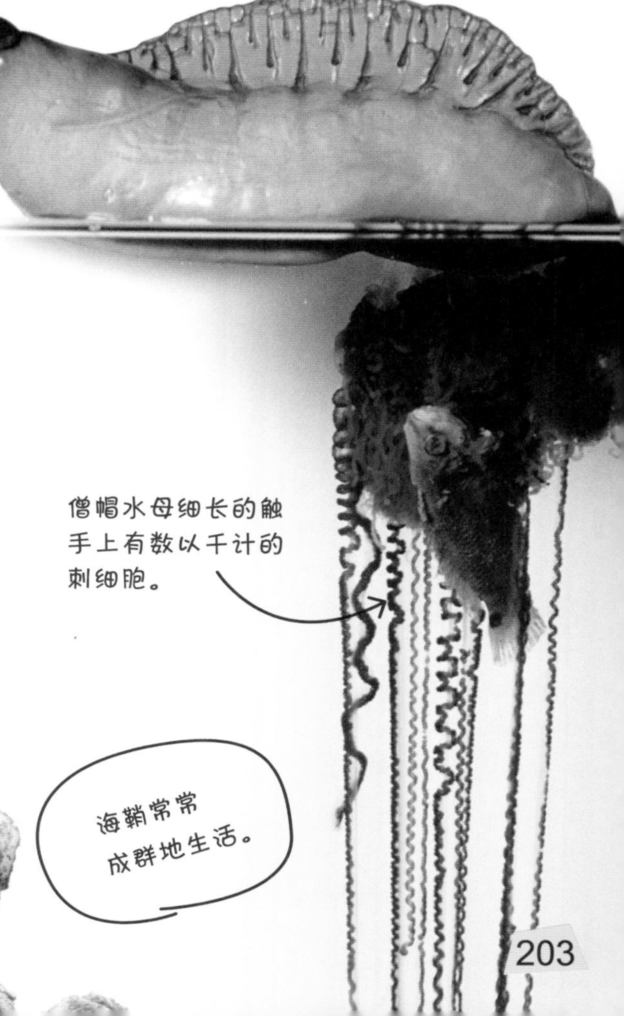

僧帽水母细长的触手上有数以千计的刺细胞。

滤食性动物

滤食性动物是指用过滤的方式来吃水中浮游生物的动物，海鞘就是其中之一。海鞘长得就像有两个开口的瓶子，顶部的开口是入水孔，一侧较低处的开口是出水孔。它们从入水孔吸入带有食物的海水，把浮游生物留在体内，剩下的海水则被排出。

海水从这里流入。

海水从这里流出。

海鞘常常成群地生活。

不要靠近

在你探索海滩时，一定要记住：不是所有的东西都可以伸手摸一摸、捡起来看一看。大多数海边的动物对人都是无害的，但也有一些动物长着能伤人的“大钳子”，还有一些动物是有毒的，其中有些动物的毒性还很强，能给人造成严重的伤害，甚至能夺人性命。

警告色

很多具有鲜艳醒目的颜色的动物都是狠角色，就像这条蓑鲉（suō yóu）。蓑鲉分布于温带、热带近海的岩礁或珊瑚礁区域，身上有美丽的红褐色条纹。它们的背鳍上有毒性很强的刺。人如果被刺伤，会感到疼痛难耐，严重的可能会晕厥甚至死亡。

背鳍长有针状、带毒的刺。

火珊瑚明艳的黄色表示“我可不是好惹的”。

珊瑚的攻击

珊瑚其实是由许多珊瑚虫或多孔螅聚集而成的，它们会用触手捕食，触手上有带毒素的刺丝。火珊瑚就是一种多孔螅，它们的毒性较强，人如果不小心摸到它们，会感到烧灼般的剧烈疼痛。

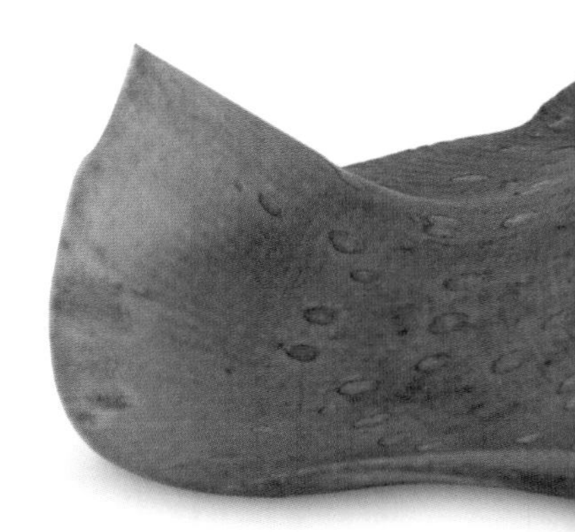

夹你一下

走路时要注意，如果你一不小心踢到或踩到沙滩上的螃蟹，可能就会被它们用钳子夹伤。不过，海边还有一些更加危险的动物，相比之下，被螃蟹夹一下已经算是很轻的了。

小心沙子下面

毒蛇螣（téng）常把自己埋在海底的沙子或泥土中，只露出一双眼睛，因此很难被发现。毒蛇螣的背鳍上带有毒液，如果不慎踩到它们，强烈的刺痛感就会从伤口处蔓延开来。

尾巴上带有毒刺。

致命的石头

毒鲉俗称石头鱼，是蓑鲉的近亲，主要分布于热带。毒鲉长得很像一块礁石，它们通常潜伏在浅海的海底，捕食路过的小鱼、甲壳动物等。毒鲉身上有很多带有剧毒的棘刺，曾经就有不少人因为捕捉或不慎踩到它们，被刺伤后中毒而死。

尾巴上的毒针

魟鱼身体扁平，尾巴像一条鞭子，末端带有毒刺。当它们发觉有危险时，就会挥动尾巴，用毒刺来保护自己。左图所示为一条蓝斑条尾魟，又叫蓝点魟，是一种非常漂亮的魟鱼。

沙丘居民

干燥的沙子很容易被风吹走，风持续地从海上吹向陆地，就会把更多细沙推向内陆。这些海沙在离海不远的地方堆砌成大大小小的沙堆，构成陆地与海洋生态系统的过渡区域，被称为海岸沙丘。沙丘有自己独特的生物类群，从海边向内陆走一走、看一看，找找这里的生物和海边的有什么不同吧！

昼伏夜出

生活在海岸沙丘一带的蜗牛都有着昼伏夜出的作息规律。它们夜间爬出来觅食，多数蜗牛以植物的叶片为食。白天，蜗牛就躲在壳里哪儿也不去，以免被炽烈的阳光晒干。

白天活动

早晨，在海岸沙丘很容易看到正在享受日光浴的蜥蜴。这些白天活动的蜥蜴，总是在上午靠晒太阳来提高体温，身体晒暖之后才会灵活，方便活动和捕食。晒够了太阳，蜥蜴们就会跑来跑去地寻找小虫子吃。

景色变幻

海岸沙丘在靠近海的一侧，通常是光秃秃的沙地，沙丘在风力的作用下缓缓流动，慢慢地改变着形状。而离海远一些的地方，会有一些小草生长。当植物的根系将沙粒固定在一起，沙丘就停止了移动。

滨草是一种能生长在海岸沙丘地带的植物。在有些地方，人们也会种植它们用来固定沙子。

模拟风吹沙子

通过这个小实验，你就能明白风是如何把沙子从海边带走的。

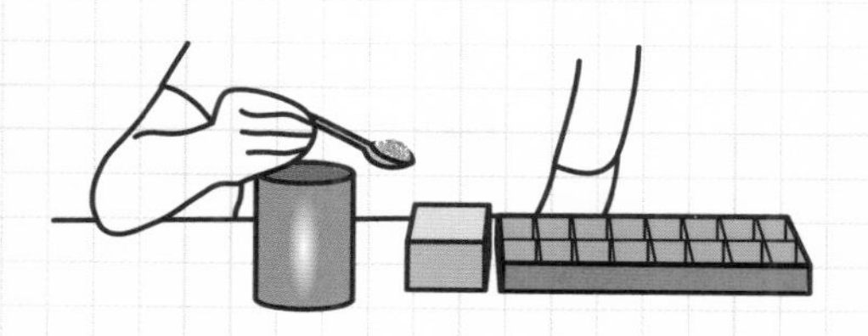

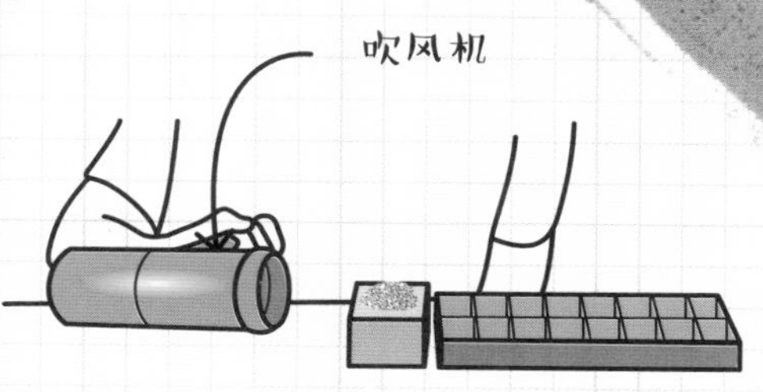

1.取一个空的制冰盒和一个木块，把木块放在制冰盒的一端，然后在木块上堆一个小沙堆。

2.用一个吸管从侧面对着沙堆吹气，或者使用吹风机，让风平行于地面，横着吹向沙堆，注意控制风的大小。

3.你会发现沙堆里的沙子被风吹跑后，会在不远处的地方落下，最轻的小沙粒会落在制冰盒最远的格子里。

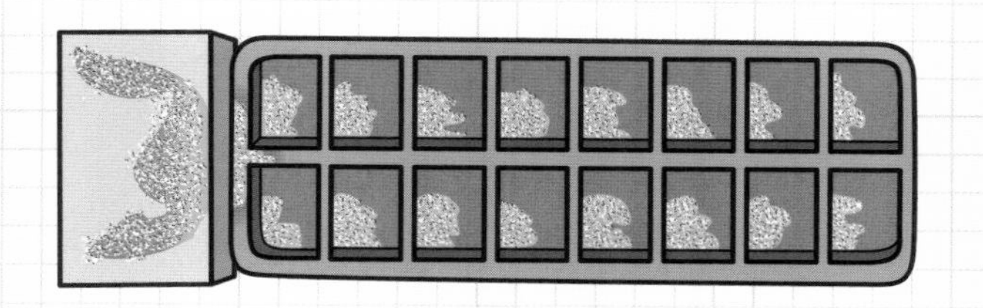

沙堆之间往往有些潮湿的低洼地段，一些动物会选择在这里安营扎寨，如右图中的这只黄条背蟾蜍。

对一些海岸沙丘来说，沙茅草是非常重要的生物，它们发达的根系能把沙子牢牢固定住。

这种红黑相间的朱砂蛾经常在海岸沙丘地带活动。

沙滩

在各种类型的海滩中，最受人们欢迎的大概要数沙滩了。沙子柔软细腻，光脚走在上面非常舒服。你有没有想过，沙子到底是由什么组成的？又是怎样形成的呢？要想弄明白这些问题，你就要认真仔细地观察沙子了。

火山沙

火山喷发后，喷出的岩浆慢慢地冷却凝固，形成了黑色的火山岩。在漫长的岁月中，火山岩又逐渐碎成粉末，变成黑色的火山沙。

细碎成沙

这种沙子是被磨碎的硅质岩。硅是一种极为常见的化学元素，广泛存在于岩石中。我们生活中常用的玻璃，它的主要成分就是硅。

被水粘在一起

很多人去沙滩玩的时候都喜欢堆沙雕，沙雕是由无数粒湿润的沙子构成的。虽然没有用到水泥、胶水等黏合剂，沙子也能老老实实地待着不乱动。这是因为水围绕在每一粒沙子周围，能让沙粒紧紧地抱在一起。沙雕被晒干之后，就很容易垮塌。

贝壳沙

这种沙子实际上是由无数细小的海洋动物的残骸碎片组成的，有软体动物的贝壳、海绵的骨针、海胆的壳、珊瑚的骨架等。这类沙子很多都是扁平的，容易牢牢地粘在皮肤上。

制作沙子标本盒

就像收藏宝石、贝壳一样，收藏沙子也是一件很有趣的事情。标本盒能将沙子很好地分类存放，你可以自己动手做一个标本盒。把沙子放进标本盒收藏之前，一定要先晾干。

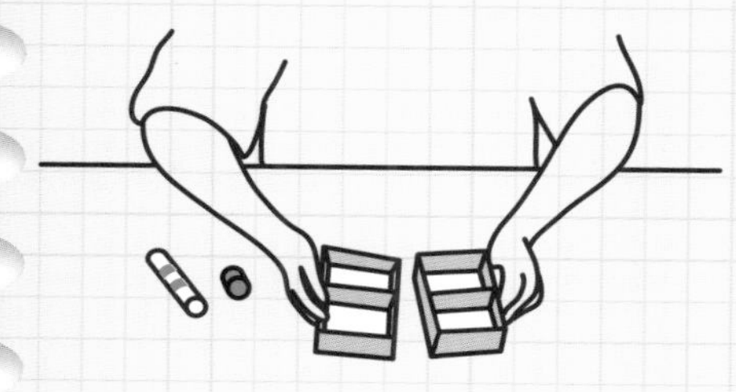

1.以四格标本盒为例，先用硬纸板做四个小盒子，然后把它们并排粘在一起。

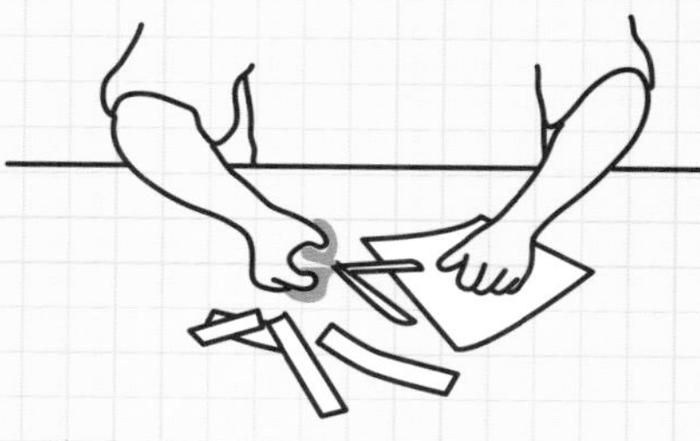

2.将白纸对折一下，一半写上沙子的类型、采集地点等信息；另一半涂上胶水，把它粘在小盒子的一边，每个格子都粘一张纸条。

3.把晾干的沙子倒进对应的格子里，沙子标本盒就这样做好啦！

浅色的岩石磨碎后，形成的细粒沙。

灰层岩磨碎后，形成的细粒沙。

颗粒粗大的火山沙。

主要由碎贝壳和碎珊瑚形成的大颗粒沙。

蹦蹦跳跳

有时，走在沙滩上，你会发现一只只不起眼的小动物从脚边蹦出来，然后逃到别处。这些跳得又高又远的小东西叫跳虾。跳虾以腐烂的海藻等有机碎屑为食，它们也是一些鸟类重要的食物来源。它们跳跃的方式是突然把平时弯曲的腹部伸长，从而将自己“弹射”出去。

珊瑚礁海岸

有些海岸是由珊瑚礁组成的。能够形成珊瑚的动物有珊瑚虫和多孔螅（xī）两类，珊瑚通常是由许许多多生活在一起的珊瑚虫或多孔螅分泌的石灰质形成的外骨骼。它们分泌石灰质是为了构筑坚固的“房子”来保护自己，随着珊瑚虫或多孔螅的生长繁殖，这个“房子”越堆越高、越来越大，而当“业主”死去之后，依然存在的“房子”就成了珊瑚礁。

蘑菇珊瑚

右图所示的石芝珊瑚长得很像蘑菇。石芝珊瑚喜欢独居，通常一株珊瑚就是一只珊瑚虫建造出来的“单身公寓”。石芝珊瑚不固定在海底，可以缓慢移动。如果它们不幸被翻了个底朝天，自己还能慢慢地翻回去呢。

出门觅食

左图是珊瑚虫觅食的样子。珊瑚虫口部周围有很多细小的触手，上面有带毒的刺丝。当有小鱼、小虾等动物经过时，触手就会迅速出击，利用刺丝来麻痹猎物，然后把它们拖回来吃掉。

如果有大型动物接近，珊瑚虫便会迅速地把触手收起来，缩回到石灰质骨骼里。

软珊瑚死后也会变成珊瑚礁的一部分，但建造珊瑚礁的主力还是硬珊瑚，软珊瑚的作用非常有限。

生菜珊瑚

这种长得很像植物的珊瑚是软珊瑚的一种，每片“菜叶”都由上百个体形迷你的珊瑚虫组成。软珊瑚有很多种，质地类似橡胶，它们只有小而细的骨针或骨片，没有硬珊瑚那样大型的石灰质骨骼。软珊瑚的适应力比许多硬珊瑚都要强，有些在混浊的海水里也能生存。

扇子珊瑚

与其他珊瑚相比，柳珊瑚对水质的要求更高，它们通常生活在更深的水域里。柳珊瑚呈树枝状，结构较脆弱，很容易折断。但有些种类可以长到3米多高，就像一把大扇子。柳珊瑚非常聪明，它们总是顺着水流的方向生长，这样就能捕捉到更多的食物。一株巨大的柳珊瑚，常常也是很多其他动物的家。螃蟹、海绵、藤壶等小动物都会藏身于它的分枝间。

这株紫色的柳珊瑚长得如此高大舒展，说明这里的海水流动较为缓和。

卵石海滩

有些海滩由无数的卵石组成，大大小小的卵石铺满海滩，它们几乎都被海浪磨去了棱角。这样的海滩缺乏土壤，不适合植物生长，而且海水还会把石头推得滚来滚去，所以动物也难以在此生存。想要在这样的海滩上生存，动物们往往会住在附近的高处，海浪打不到的地方。

寻找水源

卵石不像泥土，石头之间的缝隙很大，往往存不住水。生长在这里的植物必须有很长的根须，才能越过卵石层找到赖以生存的水。除此之外，这些植物还要有结实的茎、叶，来应对海边不时呼啸而过的大风。

藏在石堆里

你或许会认为卵石海滩不利于藏身，但是这根本难不住动物们。右图中的这只小鸟叫剑鸻（héng），它有着灰褐色的羽毛，身上还夹杂着一些黑白的条纹，藏在一堆卵石中，一点儿也不突兀，看起来像一颗石子。

消失的鸟蛋

不同种类的燕鸥能适应多种海滨环境。在卵石滩繁殖的燕鸥会在海滩上选择一处小浅坑，生下褐色带斑点的蛋，这些蛋看起来就跟卵石差不多，完全能与环境融为一体。

岩滩

在各种类型的海滩里，岩滩是最适合动植物生活的地方，这里的物种也最丰富。与小巧圆润的卵石不同，这里的岩石又大又重还有棱角，并不容易被海浪推得滚来滚去。动物和植物只要能把自己固定在大石头上，就不怕被海浪卷起，摔得粉身碎骨，或者被卷入大海。

条带分布

去岩滩探索的最佳时段就是退潮的时候，随着水位下降，一些石头会露出水面，石头上吸附的藤壶和一些滨螺也会随之暴露出来。别担心，它们有壳来“保湿”，能在空气中存活很久。不过，也会有一些不能离开水的倒霉蛋，在退潮时不幸被留在了岸上，如海鞘和海星。

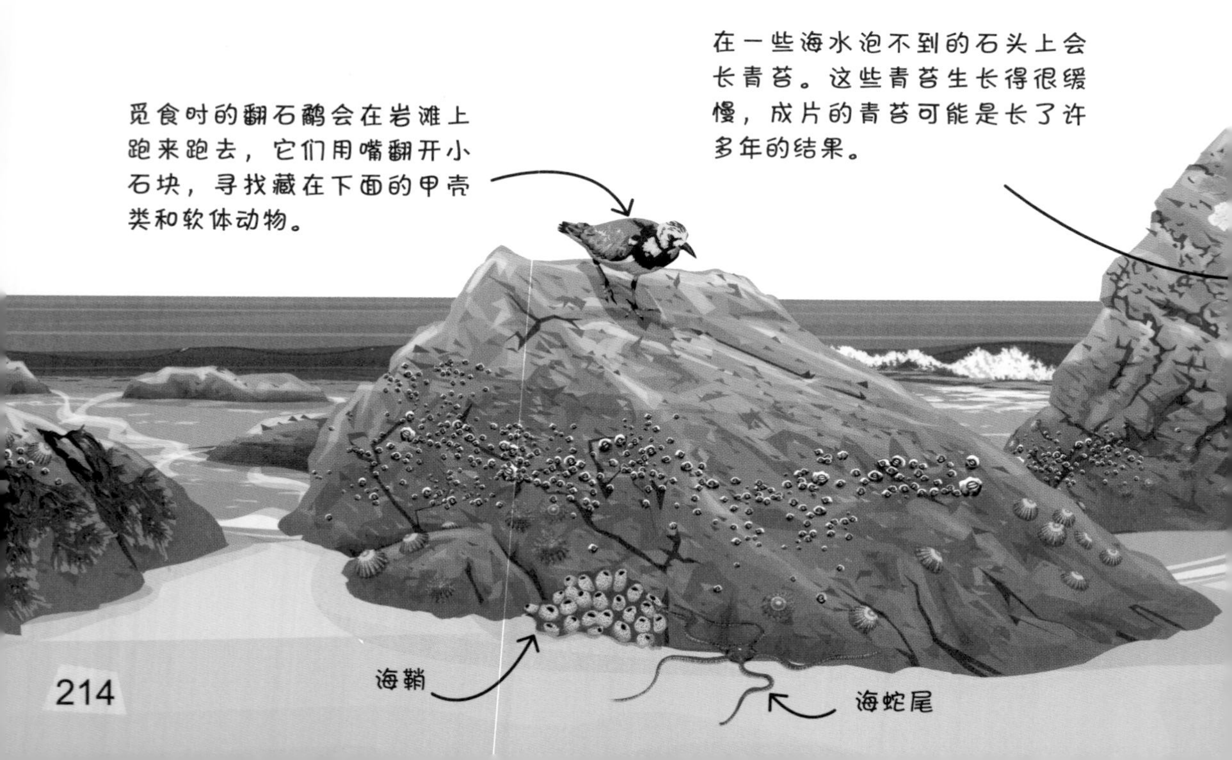

远古生命

岩滩是古生物学家钟爱的地方，在这里有可能会发掘出化石。化石是远古时期动植物的遗体、遗物或遗迹，经历了漫长的岁月后逐渐变为石头。左图所示为一枚已经灭绝的软体动物——菊石的化石。菊石在2.3亿年前曾繁盛一时，但在6,600万年前逐渐绝迹。

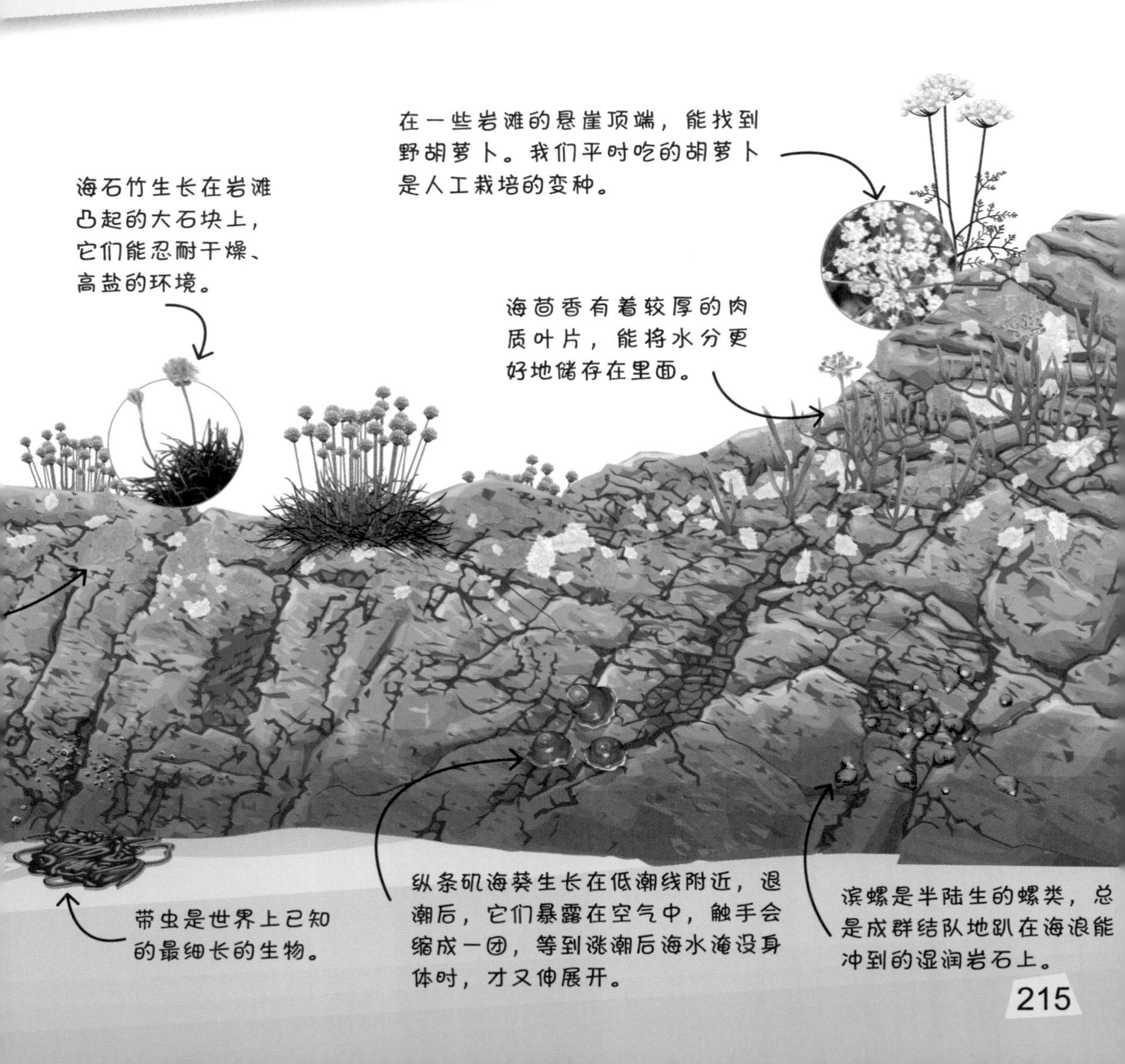

岩礁池

退潮时，岩滩上的石头露出海面后很快会被晒干。但岩石、礁石上总是有很多凹坑，里面存着海水。这些海水就成了很多生物的避难所，有了凹坑里的海水，它们就能坚持到下次涨潮。这种积存了海水的岩礁凹坑，被称为岩礁池。浅而小的岩礁池里或许只有很少的动植物，而那些又大又深的岩礁池中，则是许多生物聚居的乐园。

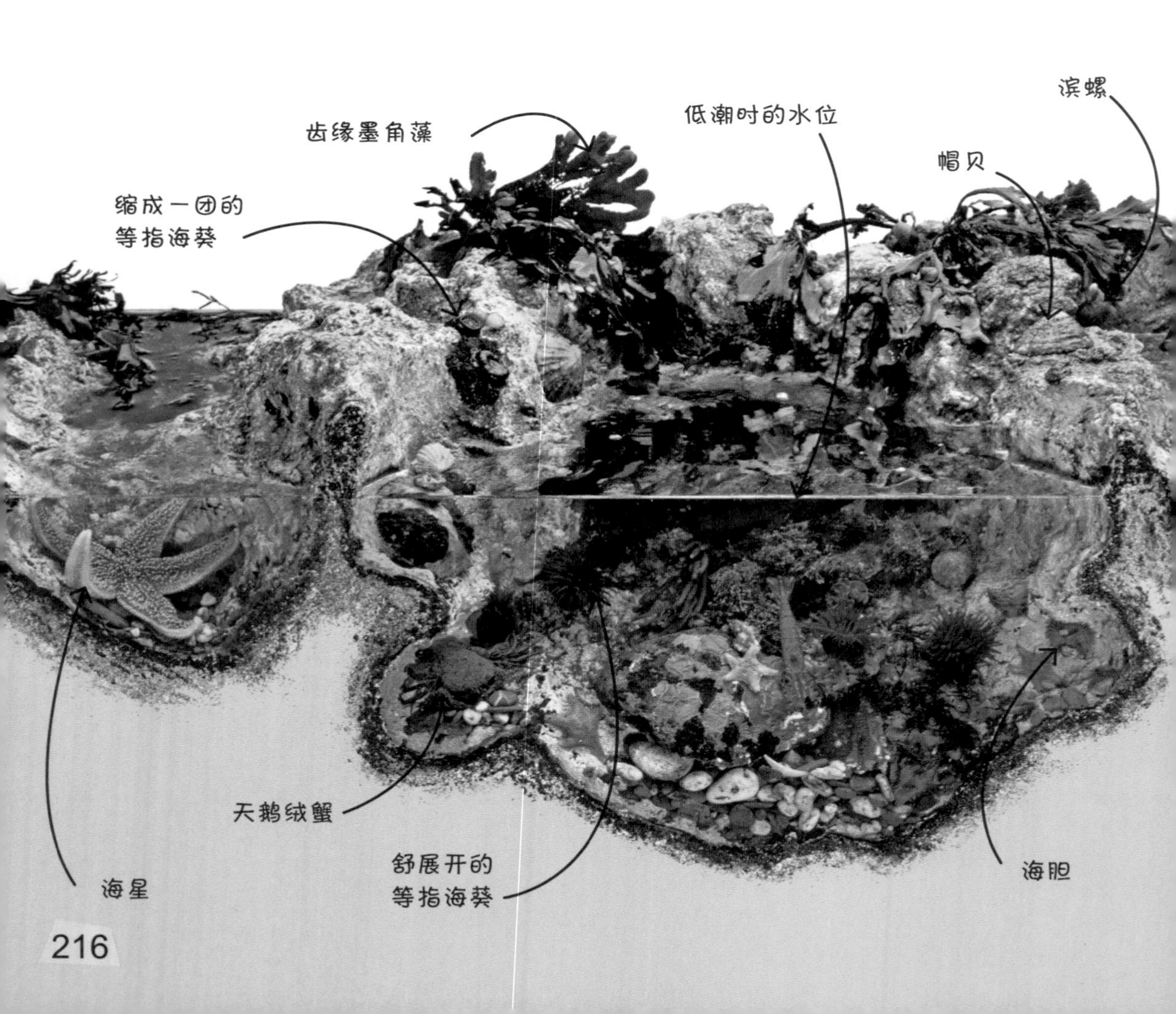

制作岩礁池观察镜

岩礁池里有各种各样的生物，这里是观察它们的极佳场所。不过岩礁池里的水未必清澈，可能会有一些杂质，不便于我们看清附着在水底的生物。做一个岩礁池观察镜，可以让你把它们看个一清二楚。

1.取一根粗塑料管或一个饮料瓶，切下一段约10厘米长的圆柱。再取一片透明的塑料片，把圆柱按在上面，沿着底边描一个圆圈。

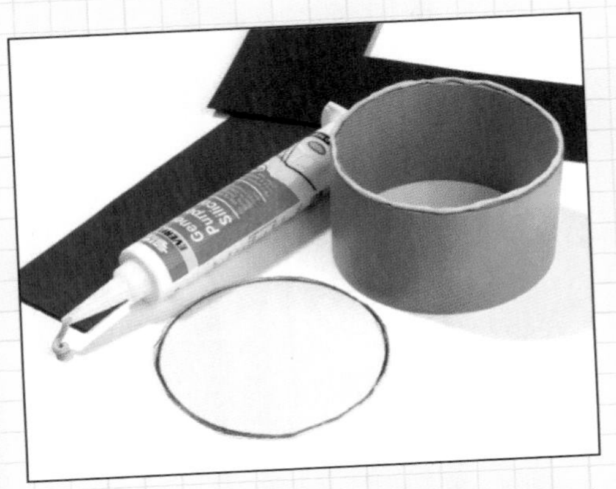

2.用剪刀沿着圆圈剪下，留下和圆柱底面一样大的圆形透明塑料片。用砂纸把圆柱的边缘打磨一下，再用防水的玻璃胶或手工乳白胶把圆形透明塑料片粘在圆柱底端。

3.等胶彻底干透，就可以带着这个岩礁池观察镜去岩滩了。使用时，把圆柱有透明塑料片的一端向下慢慢地按进水里。圆柱会排开上方的水，这样我们就能近距离观察水底的生物了。

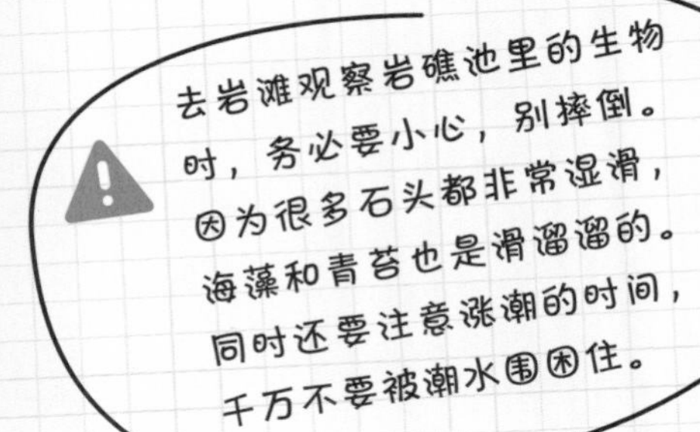

去岩滩观察岩礁池里的生物时，务必要小心，别摔倒。因为很多石头都非常湿滑，海藻和青苔也是滑溜溜的。同时还要注意涨潮的时间，千万不要被潮水围困住。

泥滩与盐沼

海滩是享受日光浴、消磨时光的好去处，但你很少看到有人在泥滩上度假，也不会看到有人在盐沼旁晒太阳。泥滩和盐沼不是大多数人喜爱的地方。不过对于某些动植物而言，这里才是美好的家园。尽管这些饱含盐分的稀泥不受人类待见，却因为营养丰富而养活了一大批动植物。

植物做的玻璃

海蓬子是一种生长在盐碱滩涂地带的低矮草本植物，有肉质、多分枝的茎。在古代欧洲，人们曾经把采集来的海蓬子烧成灰，用这种草木灰制造玻璃。因此，在英语中，海蓬子也被称为玻璃草。

海蓬子的茎是肉质的，而叶片却非常小，呈鳞片状。

沼泽地的花

碱菀

很多盐碱湿地的植物都在盛夏，甚至夏末才开花，碱菀就是其中之一。碱菀生长在海岸、湖滨、沼泽及盐碱地等地方。

一只小红蛱蝶正在吸食碱菀的花蜜。

海滨的水龟

水龟通常生活在淡水中，不过也有一些水龟能适应高盐的海水。原产于美国的钻纹龟，就生活在半咸水的沿海湿地、滩涂、海湾等处，以贝类、虾、蟹、蜗牛和各种小鱼为食。它们白天总是晒太阳，晚上才去找东西吃。

拟漆姑的花只在阳光下开放，太阳一下山，花瓣就会合拢起来。

海马齿苋盛开着浅黄色的小花。它们生长在盐沼泽地、海滩和靠近内陆的海岸等地方，那里的土壤相对干燥一些。

冬季，水鸭会飞到沼泽地的附近来觅食。

长脖老等

苍鹭捕鱼的方式非常特别。它们总是缓缓地踱进浅水中，站定后两眼紧盯着水面，一动不动地站在一个地方等待鱼儿游过来。一旦发现有鱼儿靠近，它们就迅速伸长脖子，用长喙将鱼儿叼住。正是因为这样，我国一些地方的人给苍鹭取了个外号叫“长脖老等”。

大米草生长在潮湿的海滩泥沼中，它们的根系纵横交错，而且很不容易被泡坏。因此，大米草能保护海滩的泥不被冲走，并促进更多泥淤积下来，是重要的保滩护堤植物。

泥沼美景

补血草是一种生长在沿海潮湿盐土或砂土上的小草，它们有着漂亮的紫色花朵。每当夏秋盛开之时，摇曳的花朵将整个泥沼变成一片紫色的花海，非常美丽。补血草的花采下晾干后，仍然能保持动人的紫色，常被用作插花或工艺品原料。

沿海车前草有着干硬、坚韧的狭长叶片，黄色的小花聚成圆柱形的穗状花序。

红树林沼泽

在一些热带、亚热带海岸，沼泽地带会生长出特殊的植物类群，主要由红树组成，还夹杂一些其他植物，这个植物类群被称为红树林群落。植物的根系能抓住泥土，避免泥土被海水冲走。涨潮时，海水会灌入红树林沼泽中，因此红树必须适应海水的盐度。红树林沼泽区域中的动物种类十分丰富，各种各样的动物生活在沼泽里、树根周围或树冠上。

两种根

一般的树都不能在海水中生活，但红树却适应了这种环境。为了能在常常被水浸没的沼泽地里生长，红树的根分成两种：一种叫支柱根，从树枝上生出，直插进淤泥中，支撑着浓密的树冠，成为稳固的支架；另一种叫呼吸根，因为被水淹没的泥土里缺乏氧气，红树的呼吸根便伸出水面，直接吸收空气中的氧。

出水鱼儿

鱼离不开水是一种常识，但有少数几类鱼能偶尔离开水面，到陆地上活动，弹涂鱼就是其中一类。弹涂鱼只有12~15厘米长，它们依靠粗壮的胸鳍发力，沿着红树的根一步一步地往上爬。它们能用内鳃腔和皮肤辅助呼吸，可以在空气中待一小段时间，一旦发现危险，就迅速跳回水中。

一条弹涂鱼爬上了红树的根。

红树的支柱根像船锚一样插在泥里。

肢体语言

每到退潮的时候，招潮蟹就会从它们的洞中爬出来，到海滩上觅食。雄性招潮蟹有两只大小悬殊的螯。挥舞大螯是雄性招潮蟹的招牌动作，用来警告其他动物不要闯入自己的地盘，或者吸引雌性招潮蟹的注意力。

晒干羽毛

蛇鹈分布于美国南部。它们游泳的姿势非常特别，几乎整个身体都潜入水中，只有细长的脖颈和头露在外面左摇右摆，再加上脖子在水中的倒影，看起来就像蛇竖立在水面上。每次下水捕食后，蛇鹈都要站在阳光下展开双翼，晒干湿透的羽毛。

蛇鹈在阳光下晒干羽毛。

啃树叶

红树的树叶富含纤维，非常坚韧粗糙，不容易消化，不过长鼻猴却能以红树叶为食。长鼻猴是东南亚加里曼丹岛特有的珍稀动物，它们的胃有点儿像反刍动物的胃，里面有多种帮助消化的微生物。雄性长鼻猴的鼻子比雌性的大很多，而且随着年龄的增长，雄性长鼻猴的鼻子还会越来越大。

港口与码头

世界各地的港口总是一派繁忙的景象，不断上演着船只停泊靠岸、船上的货物或出海捕捞的鱼被卸下等场景。港口通常是用砖石、混凝土和木头修建而成的，供人类穿梭往来。在海水浸泡、冲刷的地方，生活着许许多多的动植物。

保持水质

在繁忙的港口，海水很容易受到污染，因此很多海洋动物难以在港口附近生存。如果一个港口的水质能保持一定的水平，就会有很多种类的鱼及其他动物在此活动，让水下也呈现出一幅完全不输岸上的繁忙景象。

很多港口建造在河流入海口附近，以兼顾海运与河运。在这些地方，海水的盐度要比远洋的低一些。

争夺食物

海鸥是大自然的清道夫，它们几乎什么都吃，除了捕食小鱼之外，也会在岸边吃螃蟹、死鱼，以及人们吃剩下的薯片、三明治之类的食物。它们甚至还会从人的手里抢夺食物，很多人都领教过它们的厉害。

瞧瞧木桩

码头的木桩是很多小动物和植物的家，如贻贝、藤壶、海葵、青苔等。退潮的时候，我们很容易发现它们。

The publisher would like to thank the following for their kind permission to reproduce their photographs:

(Key: a-above; b-below/bottom; c-centre; f-far; l-left; r-right; t-top)
Cover&Back cover CFP. 1 CFP. 4 CFP. 7 Dorling Kindersley: Frank Greenaway / Natural History Museum(bl). Dorling Kindersley: Stephen Oliver(clb). 11 NASA: (cr). 12 123RF.com: Andrew Mayovskyy (crb). Ann Cannings: (cr). Dreamstime.com: Konart (bc). 13 123RF.com: PaylessImages (cl). Dreamstime.com:Marsia16 (clb). 18 123RF.com: andersonrise (cr); oasis15 (t, br). 20 Dreamstime.com: Sabine Katzenberger (bl). Rex by Shutterstock: Amos Chapple (cr). 21 123RF.com: (t). 22-23 123RF.com: mrtwister (b). 24 123RF.com: Thomas Fikar (b). 25 123RF.com: Wasin Pummarin (t). Getty Images: Keystone (b). 26 123RF.com: alexsol(cr); Taina Sohlman (bl). Dreamstime.com: Furtseff (tl). 27 123RF.com: PaylessImages (t). Alamy Stock Photo: Andrew Rubtsov (crb). 28 Fotolia: Alexandr Ozerov(cl). 29 Alamy Stock Photo: Design Pics Inc (b). Dreamstime.com: Dmytro Kozlov (bl/Snowballs); Yael Weiss (cr). 31 123RF.com: jezper (br). 32 iStockphoto.com:Artur Synenko. 34 123RF.com: Meghan Pusey Diaz / playalife2006 (b). Corbis: Warren Faidley (cr). 36 123RF.com: Anton Yankovyi (cl). 36-37 Dreamstime.com:Justin Hobson. 37 123RF.com: Darko Komorski (cla); sebastien decoret (crb). 38 123RF.com: smileus (br). Alamy Stock Photo: imageBROKER (cra). 41 Corbis:Bettmann (cr). 43 Dreamstime.com: Nuralya (tr). 48-49 123RF.com: Derrick Neill. 49 123RF.com: Pornkamol Sirimongkolpanich (r). 50 Alamy Stock Photo: United Archives GmbH (cl). 51 123RF.com: manachai Phongruchirapha (tl). 53 123RF.com: Pablo Hidalgo (t). Alamy Stock Photo: Morley Read (b). 54 123RF.com: Nikolai Grigoriev (t). iStockphoto.com: Heiko Küverling (bl). 56 123RF.com: ocean shing (cra). PunchStock: Design Pics (clb)

64-65 iStockphoto.com: IngaNielsen (Background). 64 iStockphoto.com: Imgorthand (clb). 66 Fotolia: Eric Isselee (cl). 68 123RF.com: Filipe Frazao (cb). 69 Alamy Stock Photo: Dinodia Photos (crb). iStockphoto.com: Guenter Guni (bl). 70 123RF.com: dink101 (cl). 70-71 iStockphoto.com: Oleksandr Smushko (b). 73 123RF.com: Tamara Kulikova (cl). iStockphoto.com: PinkForest (crb). 74 Dorling Kindersley British Wildlife Centre, Surrey, UK (crb). 75 Getty Images: Frank Pali (b). 76 Corbis: Dieter Heinemann / Westend61 (tr). 77 Corbis: Dor Johnston / All Canada Photos (ca). Dreamstime.com: Mykola Ivashchenko (bl). 78 Alamy Stock Photo: WILDLIFE GmbH(bc); Jixue Yang (tr). 79 Alamy Stock Photo: Helene Rogers / Art Directors & TRIP (cb); Paul R. Sterry / Nature Photographers Ltd (ca). Corbis: Martin R„gner / Westend61(cr). 80 iStockphoto.com: jax10289 (bl). 80-81 123RF.com: Sonya Etchison (cb). 81 123RF.com: Michael Truchon (ca). 82 Fotolia: Eric Isselee (crb). 83 Dorling Kindersley: British Wildlife Centre, Surrey, UK (tl). iStockphoto.com: Ivan Strba (r). 84 iStockphoto.com: Atelopus (l); Guenter Guni (cr). 86 iStockphoto.com: IMNATURE(c); mazzzur (br); servickuz (cl). 87 Alamy Stock Photo: Klaus Ulrich Müller (cr). SuperStock: Josef Beck / imageBROKER (br). 88 iStockphoto.com: Alatom (bl). 88-89 iStockphoto.com: robas (c). 89 iStockphoto.com: davidevison (crb). 91 Dorling Kindersley: Barnabas Kindersley (c). Dreamstime.com: Alexander Pladdet (clb); Rudmer Zwerver (cb). iStockphoto.com: Saso Novoselic (br). 94 iStockphoto.com: AustralianCamera (crb). 95 Getty Images: Kathy Collins (l). 96 Alamy Stock Photo: Buiten-Beeld/ Hillebrand Breuker (cr). iStockphoto.com:Thomas Faull (clb). 97 iStockphoto.com: Dennis Donohue (bl); GlobalP (cra). 101 123RF.com: hxdyl (tl). 102 iStockphoto.com:4kodiak (cb). 103 Alamy Stock Photo: Pulsar Images (crb). 104 iStockphoto.com: Henk Bentlage (cr). 105 Alamy Stock Photo: Kenneth Walters (tl). iStockphoto.com: USO(br). 106 Dreamstime.com: Mrrgraz (clb). iStockphoto.com: Henrik_L (cr); Paulina Lenting-Smulder (l). 108 iStockphoto.com: Roger Rosentreter (cl). 108-109 iStockphoto.com:Aleksandr_Gromov (b). 109 123RF.com: anticiclo (cla). 110 Alamy Stock Photo: Premaphotos (cl). 111 123RF.com: Diogo Baptista (b). Alamy Stock Photo: Design Pics Inc / Michael DeYoung (tl). 114 Alamy Stock Photo: Edward Krupa (cra). iStockphoto.com: YinYang (clb). 115 iStockphoto.com: Pierre-Yves Babelon (ca)

118 Getty Images: Koki Iino (cla). 123 123RF.com:Michael Mill (tr). 127 123RF.com: Renamarie (clb). 128 iStockphoto.com: pum_eva (cr). 129 Alamy Stock Photo: Nature Picture Library (cra). Dreamstime.com: Ajdibilio (cla). 130 Corbis:DLILLC (bl). 131 Corbis: Tim Laman / National Geographic Creative (tr). 132 Dorling Kindersley: Natural History Museum, London (cra). 135 123RF.com: Anna Yakimova (tl). 137 123RF.com:Witold Kaszkin (cla). 138 123RF.com:Vladimir Seliverstov (bl). Dreamstime.com: Liqiang Wang (tr). 139 123RF.com: Michael Lane (tr). Alamy Stock Photo: Duncan Usher(br). Dreamstime.com: Barbara Zimmermann (cl). 140 123RF.com: Juho Salo (cra). 143 123RF.com: Dmytro Pylypenko (clb); Michael Lane (cr). iStockphoto.com: William Sherman (t). 144 iStockphoto.com: Roger Whiteway (l). 145 123RF.com: Michael Lane (cla). 146 123RF.com: Dave Montreuil (clb). Alamy Stock Photo: Dave Watts (c). 148 Alamy Stock Photo: Dave Watts (crb). Dorling Kindersley: The National Birds of Prey Centre, Gloucestershire (bc). 149 123RF.com: Christian Musat (br); Jose Manuel Gelpi Diaz (t). 150 Dorling Kindersley: British Wildlife Centre, Surrey, UK. 150-151 123RF.com: Snike (t). 151 Dorling Kindersley: Natural History Museum, London (cra). 152 123RF.com: Steve Byland (clb). Alamy Stock Photo: Keith M Law (cra). 153 iStockphoto.com: Paul Vinten (br). 154 123RF.com: Delmas Lehman. 155 123RF.com: Berka (cr). Dreamstime.com: Dennis Jacobsen (bl). 156 Alamy Stock Photo: Kevin Maskell (b). 157 123RF.com: David Tyrer (ca, crb); Ewan Chesser (clb). Fotolia: Gail Johnson (cr). 158 123RF.com: Dave Montreuil (crb). 159 123RF.com: Abi Warner (tr); Feathercollector(cla). SuperStock: age fotostock (b). 161 123RF.com: Panu Ruangjan (cra); Steve Byland (br). Alamy Stock Photo: Wildlife GmbH (cl). 162 Getty Images: Alice Cahill (crb). 163 Alamy Stock Photo: Rolf Nussbaumer Photography (r). Corbis: Frits van Daalen / NiS / Minden Pictures (b); Otto Plantema / Buiten-beeld / Minden Pictures (cl). 164 123RF.com: Alta Oosthuizen (bl). 165 123RF.com: Gleb Ivanov (tl). Dorling Kindersley: The National Birds of Prey Centre (cra). 167 123RF.com: Vasin Leenanuruksa (clb). 168 123RF.com: Vasiliy Vishnevskiy (crb)

172 Dorling Kindersley: Paul Wilkinson (cl). 172-173 Dorling Kindersley: Stephen Oliver (t). 173 Dreamstime.com:Pockygallery11 (bl). 179 Dorling Kindersley: Natural History Museum, London (cr). 182 Dreamstime.com: Yael Weiss (tl). 186 Alamy Stock Photo: David Pick (b). Dreamstime.com: Mikelane45 (tr, cr). 187 Alamy Stock Photo: Karen van der Zijden (b); ZUMA Press, Inc. (tl). 189 123RF.com: guy ozenne (ca). 189 Getty Images: Despite Straight Lines(Paul Williams) (clb); Science Photo Library (cla). 190 Dreamstime.com: Eugene Kalenkovich (bl). 191 Robert Harding Picture Library: Frank Hecker / Okapia (br). 192 Dreamstime.com: Mario Pesce (bl). 193 Alamy Stock Photo: Blickwinkel / Hecker (cl). 198-199 Dorling Kindersley: Natural History Museum, London (b). 203 Dorling Kindersley: Linda Pitkin (tl). FLPA: D P Wilson (r). 204 123RF.com: Jolanta Wojcicka (bl). 205 123RF.com: Krzysztof Odziomek (crb). Dorling Kindersley: Natural History Museum, London (cla). 206 123RF.com: Andrzej Tokarski (cl); Vitalii Hulai (cra). 207 Dorling Kindersley: Jan Van Der Voort (crb). 209 Alamy Stock Photo: Blickwinkel /Hecker (br). 210 Dorling Kindersley: Linda Pitkin (cr). Dreamstime.com: Asther Lau Choon Siew (bl). 211 123RF.com: Sergdibrova (tl). Dorling Kindersley: Linda Pitkin (br). 218 Dorling Kindersley: Twan Leenders (br). 219 123RF.com: Joe Quinn (c); Vasiliy Vishnevskiy (cra). 221 123RF.com: Tiero (b). 222-223 Alamy Stock Photo: Carolyn Clarke(b). 223 Alamy Stock Photo: FLPA (cra). Dreamstime.com: Brett Critchley (cla). Getty Images: Glowimages (br)

All other images © Dorling Kindersley

For the curious: www.dk.com